中国水利教育协会
高等学校水利类专业教学指导委员会   共同组织

全国水利行业"十三五"规划教材（普通高等教育）

环境水力学

主　编　刘国东　王　焱

中国水利水电出版社
www.waterpub.com.cn
·北京·

内 容 提 要

本教材包括 7 个章节：第 1 章绪论；第 2 章迁移扩散基本理论；第 3 章剪切流的分散；第 4 章射流、羽流和浮射流；第 5 章河流水质模型；第 6 章湖泊（水库）水质模型；第 7 章地下水水质模型。教材在介绍相关基本概念、基本理论的基础上完善了相关水质模型，增加了运用知识解决实际问题的模型应用，有针对性地突出学科发展的新特点，进一步满足了学生学习的新需求。

本书作为全国水利行业"十三五"规划教材，适用于全国各类院校的水文与水资源工程专业，也可以作为环境科学、环境工程和其他与水环境相关专业的本科生教材。

图书在版编目（CIP）数据

环境水力学 / 刘国东，王焱主编. -- 北京 ： 中国水利水电出版社，2018.5
全国水利行业"十三五"规划教材. 普通高等教育
ISBN 978-7-5170-6546-3

Ⅰ. ①环… Ⅱ. ①刘… ②王… Ⅲ. ①环境水力学－高等学校－教材 Ⅳ. ①X52

中国版本图书馆CIP数据核字(2018)第127809号

书　　　名	全国水利行业"十三五"规划教材（普通高等教育） **环境水力学** HUANJING SHUILIXUE
作　　　者	主编　刘国东　王焱
出 版 发 行	中国水利水电出版社 （北京市海淀区玉渊潭南路 1 号 D 座　100038） 网址：www. waterpub. com. cn E - mail：sales@ waterpub. com. cn 电话：(010) 68367658（营销中心）
经　　　售	北京科水图书销售中心（零售） 电话：(010) 88383994、63202643、68545874 全国各地新华书店和相关出版物销售网点
排　　　版	中国水利水电出版社微机排版中心
印　　　刷	天津嘉恒印务有限公司
规　　　格	184mm×260mm　16 开本　9.25 印张　219 千字
版　　　次	2018 年 5 月第 1 版　2018 年 5 月第 1 次印刷
印　　　数	0001—3000 册
定　　　价	**22.00 元**

前言

　　"环境水力学"是高等院校水利类各有关专业的一门主要课程。其主要内容是研究污染物在水体中混合、输移的规律及其应用，探求因混合、输移而形成的污染物浓度随空间和时间的变化关系，为水质评价与预报、水质规划与管理、排污工程的规划设计以及水资源保护的合理措施提供基本依据。

　　2006 年《水文与水资源工程专业规范》（简称"规范"）要求为水文与水资源工程专业讲授"环境水力学"时需要增加水质模型的内容。单独使用《环境水力学》或《水质模型》教材均不能达到《规范》要求，如果同时使用上述两本教材会有大量重复内容，因此编写新版的《环境水力学》教材是非常必要的，也是专业规范的要求。

　　本次编写的教材为新编教材，参考、综合了国内数本《环境水力学》及其相关教材，主要包括赵文谦编著的《环境水力学》、徐孝平编写的《环境水力学》、杨志峰编著的《环境水力学原理》、李大美和黄克中编著的《环境水力学》、黄真理主编的《中国环境水力学》、陈崇希和李国敏编著的《地下水溶质运移理论及模型》、雅·贝尔著的《地下水水力学》、孙讷正的《地下水污染—数学模型和数值方法》等教材和著作。本书虽然属于本科教材，在编写过程中选用了新公式和环境影响评价导则推荐公式。主编人员已为四川大学本科生讲授《环境水力学及水质模型》16 年，在教学实践的基础上，为了更好地适应教学改革发展的需要，同时考虑环境水力学的新发展和环境影响评价的要求，对原有《环境水力学》教材的内容和结构做了更新和扩充：强化了环境水力学的基本概念、水质扩散迁移的基本规律和基本方程；充实水质模型的内容及其解析解公式，增加了与日益重视的地下水和海洋环境保护相关的地下水水质模型和河口水质模型，将理论与实践紧密结合起来，加强学生的实践感知。

　　本书由刘国东、王焱主编，参加编写的有夏菁、贺欣悦、刘稳、胡月、张德彬、钟瑞、孔孟圆、杨娜和杨梦溪。考虑到教材的易读性，在正文中未对引用的文献逐一标注，以参考文献的形式列在正文之后，因此对所有被引用文献的作者表示衷心感谢。此外，在教材编写过程中得到了国内部分同行的良好建议，在此也表示感谢。

由于编者水平有限，错误和不当之处在所难免，敬请读者批评指正。

编者

2018 年 2 月

目录

第1章 绪 论

1.1 环境水力学研究内容和研究方法

1.1.1 环境水力学的研究对象和任务

在各类水环境问题中，水体受到污染致使水质恶化一直是备受关注的问题。实际工程中，污染物质在流体中的浓度分布规律不仅与物质的迁移方式有关，而且还会随纳污水域和污染物性质的不同而变化。但无论是对于哪一类环境问题，由于流体运动所导致的污染物质在水环境系统中的扩散、随流输移规律总需要先行了解，以便采取相应的对策措施来保护环境，减少污染的危害。随着江河、湖库、海洋、河口海湾、地下水等各种水域受工业和生活废水的污染日趋严重，准确预测、预报纳污水体受污染的程度和变化趋势显得十分迫切而必要。为了达成环境和经济的双赢，实现水资源的可持续利用，环境水力学应运而生。

环境水力学是以水环境为主要研究对象，为适应水资源保护需要而逐渐形成和发展起来的一门水力学的分支学科，又属环境流体力学的范畴，它应用流体力学的基本理论研究各种污染物在不同纳污水域（河渠、水库、湖泊、港湾及海洋、含水层）中的扩散、混合输移的规律，预报纳污水域中水体受污染程度，为水质保护、水环境评价、水资源的开发和利用提供科学依据。它是水力学与环境科学、环境工程、水利工程、生态学、水文学等学科相互交叉、相互渗透的产物，是进行水质评价、水质预报、水生态修复等水环境问题的理论基础。

为了适应水资源的开发利用、城镇建设、工矿交通建设、水利水电工程建设等的需要，有效维护水环境安全，环境水力学研究的主要任务包括以下几个方面。

（1）了解各种天然和人工水体环境中的水流运动规律，以及在自然变异和人为扰动下水体的污染特征和变化规律。

（2）研究污染物排放与水体水质变化之间的输入响应关系，为环境工程的规划设计、水污染控制管理和突发性水污染事故的预警预报提供环境水力学计算模型。

（3）研究各类水体的水环境容量和自净规律，为污染治理和水资源保护提供决策依据。

（4）对拟建工程进行环境影响预测、评价，供决策者应用和参考。

（5）研究水质因子对生态系统的影响，以及水力因素与生态环境之间的相互作用关系，提出改善生态环境的建议和措施。

1.1.2 环境水力学的研究方法

1. 实验

通过在自然水体或人工水体按一定方式释放污染物，观察、检测污染物在水体中不同位置随时间的变化，从而得出污染物浓度或其他指标的变化规律。根据实验场所分为室内实验和现场实验：室内实验有水槽实验、沙柱实验、模拟实验等；现场实验是在现场水体的固定点上，利用漂浮物和示踪剂跟踪水流的轨迹和分散情况，主要有水团追踪实验、示踪实验等。

2. 数量级分析法

流体混合是一个很复杂的问题，且影响水环境的因素很多，因此，需要忽略一些次要的影响因素，仅考虑主要的影响因素，采用数量级分析法对所研究的问题迅速给出相当量级的数值解答，列出几个重要参数的函数关系，并对这些关系的合理性近似作出判断。这种方法的基础是量纲分析和数量级分析。

3. 解析分析法

通过数学分析建立污染物浓度随时间与空间变化的数学表达式，或运用这些数学公式分析污染物随时间或空间的变化情况。

4. 随机分析法

运用随机数学理论建立污染物浓度随时间与空间变化的数学表达式，或运用随机数学理论分析污染物随时间或空间的变化情况。

5. 数值模拟法

在计算机上，运用有限差分法、有限元（边界元）等方法，对污染物的扩散、弥散、混合等问题进行模拟，分析污染物随时间或空间的变化。

以上几种方法各有优缺点，解决实际问题时既可分别采用，对于复杂问题，又可根据需要同时采用。

1.1.3　环境水力学的发展

自 1921 年泰勒（G. I. Tayler）首次提出水流的紊动扩散理论，至今已近百年。期间经历了一段缓慢的发展阶段，直至 20 世纪 60 年代后期才有了较大的发展，逐步形成为水力学的一个重要分支学科，同时也是一门交叉学科。

环境水力学借鉴了许多应用学科领域的经典理论作为本学科建立和发展的理论基础。如 1855 年由德国生理学家菲克提出的菲克定律；1921 年从化工传质问题的研究中得到的紊动扩散泰勒理论。20 世纪 70 年代，国际水利研究协会（International Association for Hydraulic Research，IAHR）成立了环境水力学组，中国水利学会水力学专业委员会也成立了环境水力学组。在国外，传统的土木工程系纷纷更名为土木与环境工程系，增设了与环境有关的课程，如环境水力学、水环境数学模型等。国内许多大学、科研单位设立了环境水力学研究机构，开始招收环境水力学研究方向的硕士、博士学位研究生。IAHR 2009 年通过新名"International Association for Hydro-Environment Engineering and Research"，2010 年将中文名称定为"国际水利与环境工程协会"，扩大了水利和环境交叉科学研究范围。为了适应环境水力学研究的蓬勃发展，IAHR 每两年要召开一次环境水力学国际研讨会，并出版环境水力学会议论文集；中国水利学会水力学专业委员会每两年也召开一次全国性的环境水力学学术会议，及时了解学科发展动态和方向，增进国内同仁的学术交流，正式出版环境水力学会议论文集。

近 40 年来，国际上权威性的水力学刊物，如 IAHR 的 *Journal of Hydraulic Research*、ASCE（美国土木工程师学会，American Society of Civil Engineers）的 *Journal of Hydraulic Engineering* 等增加了环境水力学方面的文章，ASCE 新增了 *Journal of Environmental Engineering*，IAHR 在 *Journal of Hydraulic Research* 中新增了环境水力学专辑。与此同时，国内相应刊物中环境水力学方面文章的比例也大大增加。在国外，有德国卡尔斯路赫（Karlsruhe）大学罗迪（W. Rodi, 1982）主编的 *Turoulent Buoyant Jets and Plumes*，德国斯图加特（Stuttgart）大学 W. 金士博（Kinzeloach, 1987）的《水环境数学模型》，美国路易斯安那（Louisiana）州立大学辛格（V. P. Singh）和瑞士联邦理工学院（Swiss Federal Institute of Technology）哈格（W. H. Hager, 1996）主编的 *Environmental Hydraulics* 等。随着环境水力学的进一步发展，我国相继出版了几本环境水力学方面的教材，较早的有香港大学李行伟（Joseph Hun-Wei Lee, 1981）的 *Theory of Buoyant Jets and Its Environmental Applications*、成都科技大学赵文谦（1986）的《环境水力学》、河海大学张书农（1988）的《环境水力学》、武汉水利电力大学徐孝平（1991）的《环境水力学》、清华大学余常昭（1992）的《环境流体力学导论》等。另外，国内还出版了与环境水力学相关的一些著作，如西安理工大学沈晋、沈冰等（1992）的《环境水文学》、武汉水利电力大学李炜、槐文信（1997）的《浮力射流的理论及应用》以及李炜（1999）主编的《环境水力学研究进展》等。

目前，环境水力学研究较为广泛深入的主要有 3 个领域：射流混合机理、分层流和天然水体中污染物的运输规律。随着全球水环境问题的日益突出、人类对生存质量要求的不断提高和现代科学技术的快速发展，环境水力学在研究内容、方法和手段上都有了新的变化。就研究内容而言，越来越多地涉及生态系统的变化，环境水力学不再是传统意义上的污染水力学，而是向着生态水力学的方向发展。就研究方法而言，结合水环境系统的特点，运用数理统计、非确定性分析方法等；随着系统科学的发展，模糊随机系统分析、灰色系统分析等方法也将在环境水力学的研究中广泛应用。就研究手段而言，数字图像处理技术、"3S" 技术（地理信息系统 GIS、遥感系统 RS、全球定位系统 GPS）和专家系统等一些新技术在环境水力学中的应用，有力地推动着环境水力学的发展。

1.2 环境水力学相关概念

1.2.1 浓度

污染物或示踪剂在水中的浓度是研究水环境问题最重要的指标。单位水体中所含某种污染物的质量称为该种物质的质量浓度，简称浓度，以 C 表示。浓度可能是处处不同的，用瞬时极限的方法可表示为

$$C = \lim_{\Delta v \to 0} \Delta M / \Delta V \tag{1.1}$$

式中：ΔM 为 ΔV 水体体积内所含该种物质的质量。

环境监测部门常用 ppm（百万分之一）表示浓度，即 1kg 水中含有 1mg 物质的浓度为 1ppm。浓度的常用单位是 mg/L 或 g/L。在三维扩散方程中浓度 C 的量纲为

$[ML^{-3}]$，而在一维扩散方程中 C 的量纲为 $[ML^{-1}]$。

一般来说，水体内含有物质的浓度是时间和空间坐标的函数，即

$$C = C(x, y, z, t) \tag{1.2}$$

在紊动水流中，不仅水流运动参数随时间而变化，而且浓度值也具有随机变化的特性，所以需要研究浓度的时间平均值 $\overline{C}$；$\overline{C}$ 可用下式定义：

$$\overline{C}(x, y, z, t_0) = \frac{1}{T} \int_{t_0}^{t_0+T} C(x, y, z, t) \mathrm{d}t \tag{1.3}$$

浓度的时间平均值 $\overline{C}$ 仍是空间坐标、取平均的时段 T 和初始时刻 t_0 的函数。

1.2.2　稀释度

稀释度也可作为反映纳污水体被污染的一种指标。稀释度 S 定义为

$$S = 样品总体积 / 样品中所含污水体积$$

稀释度 $S = 1$，表明污水未得到任何稀释；若 $S = \infty$，则说明样品中所含污水体积为 0，样品为纯净水体。

1.2.3　通量

通量表示的是物质移动量的大小，也可作为反映纳污水体被污染的一种指标，分为质量通量和体积通量。质量通量是指单位时间内通过单位面积的污染物质量，量纲为 $[ML^{-2}T^{-1}]$，如 $mg/(cm^2 \cdot s)$、$kg/(m^2 \cdot h)$ 等，常用 q 或 F 表示。体积通量是指单位时间通过单位面积的污染物体积，量纲为 $[LT^{-1}]$，如 cm/s、m/s 等。

1.2.4　动力活性物质和动力惰性物质

从力学的角度看问题，有些物质混入水体中可以显著影响水的密度，从而影响水体（即环境水体）的力学特性；而有些物质则不会。因此，我们称前者为动力活性物质，后者为动力惰性物质。动力惰性物质是密度与环境水体密度相等或几乎相等的污染物，它的混入不影响环境水体原有的动力特性，取质点进行力学分析时不必将它与环境水体分开，动力活性物质介入环境水体后就会改变其动力特性，如冷却水排放，或异重流的侵入。

1.2.5　保守物质和非保守物质

从物理的生化的角度看问题，有些物质混合到环境水体中会起生物化学反应或生物降解，生成新的物质，而改变其原有浓度；但有些物质却不会，前者被称为非保守物质，后者为保守物质。我们将保守的动力惰性物质称作示踪质（或示踪剂）。

1.2.6　污染源及其类型

污染源是造成水域污染的污染物发生源，通常指向水域排放有害物质或对水域产生有害影响的场所、设备和装置。

按污染源在水域的存在形式可分为点源、线源、面源、有限分布源和无限分布源。按污染源在时间分布上可分为瞬时源、连续源和间歇源。瞬时源是指污染物在瞬时内排入水域，时间连续源是指污染物在相当长时间内持续不断地排入水域，间歇源是指污染物在一

定时间内不定时间断性地排入水域。

在实际问题中，绝对的点源、无限长的线源和无限大的面源是不存在的，只是对面积很小的面源、长度很大的线源和面积很大的面源的近似处理；瞬时源也是对排放时间很短的污染源的一种近似，如行驶在江海中油轮事故泄漏、核武器试验的核污染等。

1.2.7 水质模型

水质模型是描述水体中物质混合、输移、转化规律的数学模型总称。是以环境水力学基本理论为基础，根据物质守恒原理，建立水体中水质组分的浓度或质量随时间和空间变化的数学关系式。

第2章 迁移扩散基本理论

2.1 分子扩散菲克定律与扩散方程

分子扩散是指物质分子由高浓度向低浓度的运动过程（即存在浓度梯度是分子扩散的必要条件）。分子扩散过程是不可逆的；而且分子在扩散过程中也会受到阻力（来自分子之间、分子与固壁之间的碰撞）。除分子扩散之外，还有热扩散（由温度梯度引起）、压力扩散（由压力梯度引起）等，都具有相同或相似的扩散过程。

应当指出，污染物质在水体中的扩散是以多种方式进行的，如随流扩散、紊动扩散、剪切弥散等。其中分子扩散所占的比例极小，即分子扩散对于水环境问题并无多少直接意义。但因污染物的其他扩散方式与分子扩散有着类似的过程，因此人们常借助于成熟的分子扩散理论来描述和求解环境水力学问题。也就是说，分子扩散理论是研究污染物在水中扩散的重要理论基础。

2.1.1 菲克定律

分子扩散理论以德国生理学家菲克（Adolf Eugen Fick，1829—1901）提出的菲克定律为基础发展起来的。他认为盐分在溶液中的扩散现象可以和热传导类比，提出分子扩散定律如下：单位时间通过单位面积的溶质质量 q 与该面积上的溶质浓度梯度 $\dfrac{\mathrm{d}C}{\mathrm{d}n}$ 成正比，即

$$q = -D\frac{\mathrm{d}C}{\mathrm{d}n} \tag{2.1}$$

式中：q 为溶质通量，表示单位时间通过单位面积的溶质质量，量纲为 $\left[\mathrm{ML^{-2}T^{-1}}\right]$；$D$ 为分子扩散系数，量纲为 $\left[\mathrm{L^2T^{-1}}\right]$；$n$ 为扩散断面法线上的距离，量纲为 $\left[\mathrm{L}\right]$；$\dfrac{\mathrm{d}C}{\mathrm{d}n}$ 为溶质浓度梯度，无量纲；负号表示溶质分子总是由高浓度处向低浓度处扩散。

对于各向异性浓度场，在笛卡尔坐标系中式（2.1）可写成分量形式：

$$q_x = -D_x\frac{\partial C}{\partial x};\ q_y = -D_y\frac{\partial C}{\partial y};\ q_z = -D_z\frac{\partial C}{\partial z}$$

式（2.1）称为菲克定律。

2.1.2 分子扩散基本微分方程

在浓度场中，取一微分六面体（图 2.1）。六面体的边长为 $\mathrm{d}x$、$\mathrm{d}y$ 和 $\mathrm{d}z$，其中心点坐标为 (x, y, z)，浓度为 $C(x, y, z)$。式（2.1）中示踪质的质量通量 q_i，在六面体中心点处的 3 个分量分别为 q_x、q_y、q_z。以 x 方向为例，扩散进入和离开六面体的示踪质的

质量通量（按泰勒级数展开，并略去二次以上的高次微小量）分别为

$$\left(q_x - \frac{\partial q_x}{\partial x}\frac{\mathrm{d}x}{2}\right)\mathrm{d}y\mathrm{d}z \text{ 和 } \left(q_x + \frac{\partial q_x}{\partial x}\frac{\mathrm{d}x}{2}\right)\mathrm{d}y\mathrm{d}z$$

那么，x 方向 $\mathrm{d}t$ 时段内进入和离开的示踪质质量差值为

$$-\frac{\partial q_x}{\partial x}\mathrm{d}x\mathrm{d}y\mathrm{d}z\mathrm{d}t$$

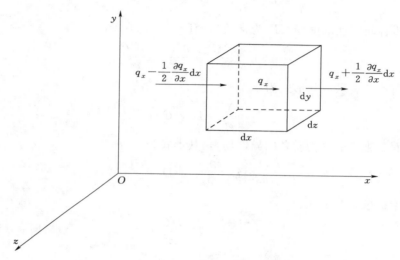

图 2.1　分子扩散微分六面体示意图

同理，在 y、z 方向 $\mathrm{d}t$ 时段内进入和离开的示踪质质量差值分别为

$$-\frac{\partial q_y}{\partial y}\mathrm{d}y\mathrm{d}z\mathrm{d}x\mathrm{d}t \text{ 和 } -\frac{\partial q_z}{\partial z}\mathrm{d}z\mathrm{d}x\mathrm{d}y\mathrm{d}t$$

则 $\mathrm{d}t$ 时段内进入和离开六面体的示踪质质量差值为

$$-\left(\frac{\partial q_x}{\partial x} + \frac{\partial q_y}{\partial y} + \frac{\partial q_z}{\partial z}\right)\mathrm{d}x\mathrm{d}y\mathrm{d}z\mathrm{d}t$$

由于进出六面体物质质量的变化导致溶质储存量发生变化，其变化量为

$$\Delta M = \Delta C\mathrm{d}V = \frac{\partial C}{\partial t}\mathrm{d}t\mathrm{d}x\mathrm{d}y\mathrm{d}z$$

根据质量守恒定律，$\mathrm{d}t$ 时段内进入微分六面体的溶质质量差应等于该时段内微分体内的溶质质量储存量的变化量。即

$$\frac{\partial C}{\partial t}\mathrm{d}x\mathrm{d}y\mathrm{d}z\mathrm{d}t = -\left(\frac{\partial q_x}{\partial x} + \frac{\partial q_y}{\partial y} + \frac{\partial q_z}{\partial z}\right)\mathrm{d}x\mathrm{d}y\mathrm{d}z\mathrm{d}t$$

或

$$\frac{\partial C}{\partial t} = -\left(\frac{\partial q_x}{\partial x} + \frac{\partial q_y}{\partial y} + \frac{\partial q_z}{\partial z}\right) \tag{2.2}$$

运用菲克定律：

$$q_x = -D_x\frac{\partial C}{\partial x}; \qquad q_y = -D_y\frac{\partial C}{\partial y}; \qquad q_z = -D_z\frac{\partial C}{\partial z}$$

得

$$\frac{\partial C}{\partial t} = \frac{\partial}{\partial x}\left(D_x\,\frac{\partial C}{\partial x}\right) + \frac{\partial}{\partial y}\left(D_y\,\frac{\partial C}{\partial y}\right) + \frac{\partial}{\partial z}\left(D_z\,\frac{\partial C}{\partial z}\right) \tag{2.3}$$

式（2.3）称为分子扩散基本微分方程（非均质各向异性）。

对于均质各向异性浓度场，有

$$\frac{\partial C}{\partial t} = D_x\,\frac{\partial^2 C}{\partial x^2} + D_y\,\frac{\partial^2 C}{\partial y^2} + D_z\,\frac{\partial^2 C}{\partial z^2} \tag{2.4}$$

对于均质各向同性浓度场（D 为常数），有

$$\frac{\partial C}{\partial t} = D\left(\frac{\partial^2 C}{\partial x^2} + \frac{\partial^2 C}{\partial y^2} + \frac{\partial^2 C}{\partial z^2}\right) \tag{2.5}$$

或用拉普拉斯算子表示，其形式为

$$\frac{\partial C}{\partial t} = D\,\nabla^2 C \tag{2.6}$$

对于平面二维扩散（均质各向异性场），其形式为

$$\frac{\partial C}{\partial t} = D_x\,\frac{\partial^2 C}{\partial x^2} + D_y\,\frac{\partial^2 C}{\partial y^2} \tag{2.7}$$

对于一维扩散，其形式为

$$\frac{\partial C}{\partial t} = D\,\frac{\partial^2 C}{\partial x^2} \tag{2.8}$$

2.2　扩 散 方 程 的 解

在数学物理方程上，前节所建立的分子扩散基本微分方程属于二阶抛物型偏微分方程。在比较简单的初始条件和边界条件下（这两个条件合称为定解条件）可求得其解析解；对于复杂的定解条件，只能借助于近似方法求解。扩散方程的求解不仅与定解条件有关，而且还与污染源的形式和排放方式有关。

污染物质排入水域中形成扩散，这个水域可能是一维空间，也可能是二维或三维空间，因此就对应有一维、二维或三维扩散方程。值得注意的是，把水域视为二维和一维只是一种近似、简化处理方法，便于找出规律；实际水域都是三维空间。在扩散时间上有稳态扩散和非稳态扩散，但是非稳态是绝对的，稳态是相对的；稳态也是一种近似、简化处理方法。

2.2.1　扩散方程的基本解

为了便于研究和以后构造各种解的工作，本节先讨论在瞬时单位面源情形下的一维扩散方程的基本解，一维扩散基本微分方程为

$$\frac{\partial C}{\partial t} = D\,\frac{\partial^2 C}{\partial x^2}$$

在如下定解条件下求解：在 $t=0$ 时，示踪质全部集中在污染源点，也是坐标原点，即 $C(x,0) = M\delta(x)$，其中 M 为示踪质总质量，$\delta(x)$ 为迪拉克（Ditac）δ 函数。浓缩

在无限小的坐标原点位置上的单位面源的示踪质，在 x 轴的正负两个方向上没有边界限制地向无穷远处扩散，于是有边界条件 $C(\pm\infty,t)=0$ 和 $\partial C(\pm\infty,t)/\partial x=0$，见图 2.2（a）。

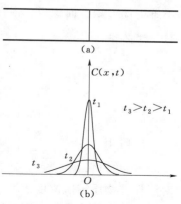

此方程可用几种数学方法求得基本解，在此采用量纲分析方法求解。待解函数浓度分布 $C(x,t)$ 只是 M、x、t 和 D 的函数，因为分子扩散系数是物性常数，方程是线性的（这表示扩散过程是线性的），所以浓度 C 与瞬时注入的示踪量 M 成正比，在一维扩散中，浓度量纲为 $[ML^{-1}]$，故浓度 C 应与 M 除以某一特征长度成正比。分子扩散系数 D 的量纲是 $[L^2T^{-1}]$，所以 $\sqrt{Dt}$ 是一个合适的特征长度，由量纲分析得到如下关系：

图 2.2　一维扩散方程示意图

$$C=\frac{M}{\sqrt{4\pi Dt}}f\left(\frac{x}{\sqrt{4\pi Dt}}\right)=\frac{M}{\sqrt{4\pi Dt}}f(\eta) \qquad (2.9)$$

式中：自变量 $\eta=x/\sqrt{4Dt}$ 和函数 $f(\eta)$ 是无量纲数组和函数。4π 和 4 是预先加上的，因为这样做会使解答更加简明。

把式（2.9）代入式（2.8）得到一个变系数的线性常微分方程

$$\frac{d^2f}{d\eta^2}+2\eta\frac{df}{d\eta}+2f=0$$

利用边界条件，解得函数 $f(\eta)$：

$$f(\eta)=C_0e^{-\eta^2} \qquad (2.10)$$

因为示踪质为保守物质，任何时刻分布在扩散空间内的物质总量保持不变，则有

$$\int_{-\infty}^{+\infty}Cdx=M$$

根据这个条件求得式（2.10）的积分系数 $C_0=1$。于是，瞬时单位面源一维扩散方程的基本解为

$$C(x,t)=\frac{M}{\sqrt{4\pi Dt}}e^{-\frac{x^2}{4Dt}}=\frac{M}{\sqrt{4\pi Dt}}\exp\left(-\frac{x^2}{4Dt}\right) \qquad (2.11)$$

该浓度分布函数表达式与概率论中的正态分布（即高斯分布）函数表达式是一样的。若以时间 t 为参数，可以绘出浓度沿 x 轴的分布，如图 2.2（b）所示。从图中可知，随着时间 t 的增加，扩散范围变宽而浓度峰值变小，分布曲线趋于平坦。式中的 $M/\sqrt{4\pi Dt}$ 是任何时刻的源点浓度。这个解对应着污染源点与坐标原点重叠的情况，对于污染源点与坐标原点不重叠的情况，且计算时间不从零时刻算起，则有更一般形式的浓度表达式，即

$$C(x,t)=\frac{M}{\sqrt{4\pi D(t-t_0)}}\exp\left[-\frac{(x-x_s)^2}{4D(t-t_0)}\right] \qquad (2.12)$$

式中：x_s 为污染源位置坐标；t_0 为污染源释放时间。

2.2.2　浓度分布阶矩

浓度分布的许多特征量常借助于浓度分布的各阶矩来表示。矩的概念在力学中已屡见

不鲜，如力矩、面积矩、惯性矩等。浓度分布的各阶矩定义如下：

零阶矩
$$M_0 = \int_{-\infty}^{+\infty} C(x,t)\mathrm{d}x$$

一阶矩
$$M_1 = \int_{-\infty}^{+\infty} xC(x,t)\mathrm{d}x$$

二阶矩
$$M_2 = \int_{-\infty}^{+\infty} x^2 C(x,t)\mathrm{d}x$$

P 阶矩
$$M_p = \int_{-\infty}^{+\infty} x^p C(x,t)\mathrm{d}x$$

不难看出，零阶矩是浓度曲线与 x 轴所包围的面积，也就是全部扩散物质的质量，对于保守物质零阶浓度矩 M_0 为常数。

令浓度分布的质心距 x 坐标原点的水平距离为 μ，由浓度矩定义可知

$$\mu = M_1/M_0 \tag{2.13}$$

质量中心的水平坐标 μ，在统计数学里称为数学期望或均值，式（2.13）表明此值与时间 t 无关。令 σ^2 为浓度分布的方差，则

$$\sigma^2 = \int_{-\infty}^{+\infty} (x-\mu^2)C(x,t)\mathrm{d}x/M_0 = (M_2/M_0) - \mu^2 \tag{2.14}$$

方差 σ^2 是衡量分布扩展的一种尺度。σ^2 越小，表示分布曲线越趋于集中在均值附近。把浓度分布函数式（2.11）代入式（2.14）求积分得方差 σ^2 和标准差 σ：

$$\sigma^2 = 2Dt \quad \text{和} \quad \sigma = \sqrt{2Dt} \tag{2.15}$$

这说明方差 σ^2 随时间 t 的增加而呈线性增长，时间越久，扩展越大。利用式（2.15）可推出计算扩散系数的公式：

$$\frac{\mathrm{d}\sigma^2}{\mathrm{d}t} = 2D \tag{2.16}$$

这是扩散方程的一个特性：任意一个有限的初始浓度分布，不管它的形状如何，最后会衰变为正态分布（高斯分布），它的方差增长率为 $2D$。三阶矩是分布扭曲的量度，很容易证明，正态分布的三阶矩（和所有奇次矩）为 0，并且所有的偶次矩都可以用二阶矩来表示。若在一个不长的时间间隔内，以差分代替上式的微分，则有

$$D = \frac{1}{2}\frac{\Delta\sigma_t^2}{\Delta t} \quad \text{或} \quad D = \frac{1}{2}\frac{\sigma_2^2 - \sigma_1^2}{t_2 - t_1} \tag{2.17}$$

式中：σ_t^2、σ_1^2 和 σ_2^2 分别为 t、t_1 和 t_2 时刻的方差。若已知不同时刻的浓度分布，应用式（2.17）可估算扩散系数。通常把标准差 σ 作为扩展宽度的量度，正态分布在 4σ 的范围内，包括了约 95% 的总质量或浓度分布线下的面积。在许多实际问题中，扩散云团的宽度以 4σ 来估算。代入标准差的计算式（2.15），浓度分布公式（2.11）可写为

$$C = \frac{M}{\sigma\sqrt{2\pi}}\exp\left(-\frac{x^2}{2\sigma^2}\right) \tag{2.18}$$

2.2.3　物质扩散的随机游动理论

从气体分子运动理论得知，气体分子在不断进行随机运动，即布朗运动。一个分子在两次与其他分子碰撞之间的运动距离称为自由程。研究扩散问题可以把分子运动简化，按

随机游动（Random walk）问题进行分析。

假设分子的自由程为一固定值 l，只研究一维空间，并假设分子运动与 x 轴平行，每个分子沿正 x 方向运动和沿负 x 方向运动的概率相等，在这些简化假定下，任一分子经过 N 次运动以后，从原来位置前进的距离为 $\pm l \pm l \pm l$（共有 N 项），因系列中出现 +、- 号的机会相等，所以总共有 2^N 个可能性。设出现 + 号的次数为 p，出现 - 号的次数为 q，则有

$$p + q = N, \quad 并令 \quad p - q = s \tag{2.19}$$

由式（2.19）得

$$p = \frac{1}{2}(N + s) = \frac{N}{2}\left(1 + \frac{s}{N}\right)$$

$$q = \frac{1}{2}(N - s) = \frac{N}{2}\left(1 - \frac{s}{N}\right) \tag{2.20}$$

经过 N 次运动后，沿方向前进的距离为 sl，这种情况出现的可能组合为 $N! /(p! \, q!)$，因此其概率为

$$P = \frac{N! /(p! \, q!)}{2^N} \tag{2.21}$$

将式（2.20）代入式（2.21）得

$$P = \frac{N!}{2^N \left[\frac{N}{2}\left(1 + \frac{s}{N}\right)\right]! \left[\frac{N}{2}\left(1 - \frac{s}{N}\right)\right]!} \tag{2.22}$$

对式（2.22）加以简化，并求得当 N 极大时，P 的极限值为

$$P = \sqrt{\frac{2}{\pi N}} \exp\left(-\frac{s^2}{2N}\right) \tag{2.23}$$

这就是一个分子在运动 N 次以后，从原来的位置前进 sl 距离的概率。

令 a 为分子运动速度，t 为分子运动 N 次所经历的时间，又令 $sl = x$，则 $N = at/l$ 代入式（2.23）得

$$P = \sqrt{\frac{2l}{\pi at}} \exp\left(-\frac{x^2}{2atl}\right) \tag{2.24}$$

式（2.24）与式（2.11）具有相似的形式。式（2.11）表示在 t 时刻 x 处示踪质的浓度，式（2.24）表示携带示踪质的分子在 t 时刻到达 x 处的概率，两者至少应成比例。因此，可得扩散系数 D 为

$$D = \frac{1}{2}la = \frac{Nl^2}{2t} \tag{2.25}$$

代入式（2.24），得

$$P = \frac{l}{\sqrt{\pi Dt}} \exp\left(-\frac{x^2}{4Dt}\right) \tag{2.26}$$

现进一步计算在 t 时刻分子位于 x 与 $x+\delta x$ 之间的概率 δP。分子到达 x 后，下一步运动仍有 1/2 机会前进，1/2 机会后退。因每一步的距离为 l，下一步运动中没有离开 x 至 $x+\delta x$ 范围的机会为 $\delta x/2l$，则

$$\delta P = \left[\frac{l}{\sqrt{\pi Dt}}\exp\left(-\frac{x^2}{4Dt}\right)\right]\frac{\delta x}{2l}$$

$$= \frac{\delta x}{\sqrt{4\pi Dt}}\exp\left(-\frac{x^2}{4Dt}\right) \tag{2.27}$$

上式表明分子沿 x 轴方向作随机运动的概率密度（$\delta P/\delta x$）分布符合正态分布，其标准差 σ 为

$$\sigma = \sqrt{2Dt} \tag{2.28}$$

其均值 $\bar{x}$ 为

$$\bar{x} = \frac{\int_0^{+\infty} x\,\mathrm{d}P}{\int_0^{+\infty}\mathrm{d}P} = 2\sqrt{\frac{Dt}{\pi}} \tag{2.29}$$

可见均值与标准差都和 $\sqrt{t}$ 成比例，均方差 $\overline{x^2}$（或 σ^2）与 t 呈线性增长。

$$\sigma^2 = \overline{x^2} = \frac{\int_0^{+\infty} x^2\,\mathrm{d}P}{\int_0^{+\infty}\mathrm{d}P} = 2Dt \tag{2.30}$$

上述结果表明，从随机游动分析分子扩散所得到的结果与菲克扩散理论的结果是一致的，虽然这是在 N 为大数、时间 t 较长，而且作了简化假定的情况下得到的，但基本上反映了分子扩散的实际情况。显然，上面的结论只有当扩散时间比经历平均自由程所需的时间长得多时才能成立。而且在分子互撞到下一步这段时间内没有后效或史前效应，即分子运动没有记忆行为。任一随机过程如果在任何时刻它的进一步发展完全由该时刻的状态确定，而与它的过去和未来状态均无关系，则这种过程通常称为马尔可夫（Markov）过程。

2.3　若干条件下一维扩散方程的解

上一节所求的浓度分布函数是在静止水域中的分子扩散，且是瞬时点源与坐标原点重合的一维扩散方程的基本解。因为扩散方程是线性的，在线性边界条件下，可用这个基本解叠加构造其他定解条件下的解。

2.3.1　起始分布源

假设初始污染源不是一个点，而是均匀地分布在空间一定范围上，浓度为 C_0，这就是起始分布源。在初始时刻，分布范围内的污染物同时释放。这种情况可考虑为若干个瞬时点源的叠加，按叠加原理求解。

在污染源分布范围内任一点 ξ（点源位置坐标）处 $\mathrm{d}\xi$ 微小长度上污染源质量为 $\mathrm{d}M = C_0\mathrm{d}\xi$，这一微小段污染源在 x 点处产生的浓度值为 $\mathrm{d}C$，根据式（2.12）有

$$\mathrm{d}C = \frac{\mathrm{d}M}{\sqrt{4\pi Dt}}\exp\left[-\frac{(x-\xi)^2}{4Dt}\right] = \frac{C_0\mathrm{d}\xi}{\sqrt{4\pi Dt}}\exp\left[-\frac{(x-\xi)^2}{4Dt}\right]$$

如果污染源分布范围为 $x \in [a, b]$，这个范围内污染物在 x 处产生的浓度所有点在 x 处产生的浓度值叠加（积分），即有

$$C(x, t) = \int_a^b \frac{C_0 \mathrm{d}\xi}{\sqrt{4\pi Dt}} \exp\left[-\frac{(x-\xi)^2}{4Dt}\right] \tag{2.31}$$

下面讨论起始源的两种分布情况。

（1）起始源分布范围为半无限情况即 $x \in [-\infty, 0]$，称为起始无限分布源，其初始条件为

$$C(x, 0) = \begin{cases} 0, & x > 0 \\ C_0, & x \leqslant 0 \end{cases}$$

该问题的物理模型可以看作在很长的管渠中，左端（$x \leqslant 0$）充满浓度为 C_0 的污染物质（或示踪质），右端（$x > 0$）为清洁水，突然打开闸门，左边的污染物向右扩散，则浓度分布为

$$C(x, t) = \int_{-\infty}^0 \frac{C_0}{\sqrt{4\pi Dt}} \exp\left[-\frac{(x-\xi)^2}{4Dt}\right] \mathrm{d}\xi$$

取变换 $u = (x - \xi)/\sqrt{4Dt}$，$\mathrm{d}\xi = -\sqrt{4Dt}\,\mathrm{d}u$，则有

$$C = \frac{C_0}{\sqrt{\pi}} \int_{x/\sqrt{4Dt}}^{+\infty} \exp(-u^2)\mathrm{d}u = \frac{C_0}{2}\left[1 - \mathrm{erf}\left(\frac{x}{\sqrt{4Dt}}\right)\right] \tag{2.32}$$

式（2.32）中 $\mathrm{erf}(z)$ 为 z 的误差函数，它是奇函数，并有 $\mathrm{erf}(\infty) = 1$，$\mathrm{erf}(0) = 0$，$\mathrm{erf}(-\infty) = -1$，见附录 3。

$$\mathrm{erf}(z) = \frac{2}{\sqrt{\pi}} \int_0^z \mathrm{e}^{-u^2} \mathrm{d}u \tag{2.33}$$

和

$$\frac{\mathrm{d}}{\mathrm{d}z}[\mathrm{erf}(z)] = \frac{2}{\sqrt{\pi}} \mathrm{e}^{-z^2} \tag{2.34}$$

还有余误差函数 $\mathrm{erfc}(z) = 1 - \mathrm{erf}(z)$。

（2）当起始源分布范围为有限区域时即 $x \in [-x_1, x_1]$，称为起始有限分布源，则初始条件为

$$C(x, 0) = \begin{cases} 0, & |x| > x_1 \\ C_0, & |x| \leqslant x_1 \end{cases}$$

在突然事故发生时，污染源常占有一定的空间范围，可以看成是有限分布源。在 x 处 t 时刻的浓度值按下式计算：

$$C(x, t) = \int_{-x_1}^{x_1} \frac{C_0}{\sqrt{4\pi Dt}} \exp\left[-\frac{(x-\xi)^2}{4Dt}\right] \mathrm{d}\xi$$

取变换 $u = (x - \xi)/\sqrt{4Dt}$，并进行积分上下限的变更，得

$$C(x, t) = \frac{C_0}{\sqrt{\pi}} \int_{(x-x_1)/\sqrt{4Dt}}^{(x+x_1)/\sqrt{4Dt}} \mathrm{e}^{-u^2} \mathrm{d}u$$

$$= \frac{C_0}{2}\left[\mathrm{erf}\left[\frac{x+x_1}{\sqrt{4Dt}}\right] - \mathrm{erf}\left[\frac{x-x_1}{\sqrt{4Dt}}\right]\right] \tag{2.35}$$

式（2.35）就是起始有限分布源浓度分布公式，其浓度分布曲线如图 2.3 所示。

2.3.2 时间连续源

1. 恒定浓度点源

设沿 x 轴原来各处示踪质浓度均为 0，在 $t=0$ 时在 $x=0$ 处浓度瞬时升高为 C_1，以后保持不变。此种情况属于时间连续点源，边界条件为 $C(-\infty, t) = C(+\infty, t) = 0$；$C(0,t) = C_1$。为求此条件下的浓度分布 $C(x,t)$，仍运用量纲分析法。

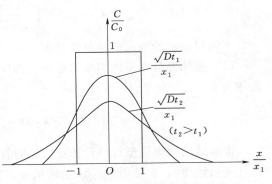

图 2.3　起始有限分布源浓度分布曲线

令无量纲参数 $\eta = \dfrac{x}{\sqrt{Dt}}$，设解为

$$C = C_1 f(\eta)$$

则

$$\frac{\partial C}{\partial t} = \frac{\mathrm{d}C}{\mathrm{d}\eta}\frac{\partial \eta}{\partial t} = -\frac{\eta}{2t}\frac{\mathrm{d}C}{\mathrm{d}\eta}$$

$$\frac{\partial^2 C}{\partial x^2} = \frac{1}{tD}\frac{\mathrm{d}^2 C}{\mathrm{d}\eta^2}$$

代入扩散方程式（2.8），变换为常微分方程：

$$-\frac{\eta}{2}\frac{\mathrm{d}f}{\mathrm{d}\eta} = \frac{\mathrm{d}^2 f}{\mathrm{d}\eta^2}$$

由于示踪质以原点向两侧对称扩散，可知 $C(-x,t) = C(x,t)$，因此可沿正 x 轴方向求解。由边界条件 $C(-\infty, t) = C(+\infty, t) = 0$；$C(0,t) = C_1$ 可得 $f(\infty) = 0$，$f(0) = 1$，从而解得

$$C = C_1\left[1 - \mathrm{erf}\left(\frac{x}{\sqrt{4Dt}}\right)\right] = C_1\,\mathrm{erfc}\left(\frac{x}{\sqrt{4Dt}}\right),\quad x > 0 \tag{2.36}$$

2. 恒定投放速率的点源

假设在点源处连续不断地投放示踪质，保持投放质量的速率 $\dot{M}$ 恒定，而不是保持浓度不变。那么，连续投放示踪质量的速率 $\dot{M}$，相当于在每一个无限小的时间增量 $\mathrm{d}\tau$ 内，投入一个质量为 $\mathrm{d}M = \dot{M}\mathrm{d}\tau$ 的块团，产生的浓度是 $\mathrm{d}C$，因此把时间连续源在 x 处产生的浓度可看作是在投放时间从 t_1 至 t_2 由无限多个质量为 $\dot{M}\mathrm{d}\tau$ 的瞬时点源的浓度之和（积分），即

$$C = \int_{t_1}^{t_2} \frac{\dot{M}}{\sqrt{4\pi D(t-\tau)}}\exp\left[-\frac{x^2}{4D(t-\tau)}\right]\mathrm{d}\tau \tag{2.37}$$

式中：$\dot{M}$ 为点源处单位时间投放示踪质质量，量纲为 $[\mathrm{MT}^{-1}]$。

如果初始时刻浓度处处为 0，在 $t=0$ 时 $x=0$ 处开始投入，那么利用公式（2.37），

便有

$$C(x,t) = \frac{\dot{M}}{\sqrt{4\pi D}} \int_0^t \frac{1}{\sqrt{(t-\tau)}} \exp\left[-\frac{x^2}{4D(t-\tau)}\right] d\tau$$

$$= \frac{\dot{M}x}{4D\sqrt{\pi}} \int_0^{4Dt/x^2} u^{-1/2} e^{-\frac{1}{u}} du \tag{2.38}$$

最后，如果有一质量分布源 $m(\xi,\tau)$，m 为单位时间单位长度上的投放质量，我们可以先在空间上迭加［如式（2.31）所示］，然后在时间上叠加而得到一般解：

$$C(x,t) = \int_{-\infty}^t \int_a^b \frac{m(\xi,\tau)}{\sqrt{4\pi D(t-\tau)}} \exp\left[-\frac{(x-\xi)^2}{4D(t-\tau)}\right] d\xi d\tau \tag{2.39}$$

2.3.3 边界有界情况下的瞬时点源

上面讨论的是无限空间中的扩散，实际河渠、湖泊、水库都是有界、有底的，示踪质在河渠、湖泊（水库）中扩散至边界时，有两种可能：一种是示踪质到达边界后被边界吸收或黏结边界上；另一种情况是遇到边界就反射回去。前者称为完全吸收，后者称为完全反射。介于两种状态之间称为不完全吸收和不完全反射，这在实际中居多。显然，吸收和反射与污染物质性质和边界性质有关。完全吸收相当于无边界（无限空间）扩散问题，下面仅讨论完全反射的情况。由前所述，扩散的基本微分方程和边界条件都是线性的，那么多污染源在一点产生的浓度可以运用叠加原理进行加和。边界反射问题可以运用光学映射的镜像原理，以边界为对称面构造一个或多个虚源，再运用叠加原理获得计算 x 点浓度公式。

1. 一侧有边界的情况

如图 2.4 所示，设有一瞬时平面源沿 x 方向一维扩散，且在距离源平面为 L 处存在全反射的边界。因边界不吸收扩散物质，通过边界的扩散物质的净通量为 0。

现引入平面镜映像原理，设有一平面镜位于边界处，在平面镜后面有一个反射源，称为像源，像源到镜面

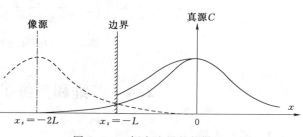

图 2.4 一侧有边界的扩散

的距离为 L，像源的强度和真源相同，因而在边界面上的通量与真源在边界面上的通量大小相同，方向相反，故形成边界面上扩散物质的净通量为 0。真源（位置坐标 $x_s=0$）和像源（位置坐标 $x_s=-2L$）相距为 $2L$。在 x 轴上任意点的浓度应该为真源和像源所产生的浓度之和，即

$$C(x,t) = C_r(x,t) + C_i(x,t)$$

式中：$C_r(x,t)$ 为真源产生的浓度；$C_i(x,t)$ 为像源产生的浓度。运用公式（2.12），有

$$C_s(x,t) = \frac{M}{\sqrt{4\pi Dt}} \exp\left(-\frac{x^2}{4Dt}\right); \quad C_i(x,t) = \frac{M}{\sqrt{4\pi Dt}} \exp\left[-\frac{(x+2L)^2}{4Dt}\right]$$

则边界反射作用下，瞬时点源产生 t 时刻在 x 点产生的浓度公式为

$$C(x,t) = \frac{M}{\sqrt{4\pi Dt}} \left\{ \exp\left(-\frac{x^2}{4Dt}\right) + \exp\left[-\frac{(x+2L)^2}{4Dt}\right] \right\} \tag{2.40}$$

显然，在边界处（$x=-L$）的浓度等于无边界时的两倍。

2. 两侧有边界的情况

若瞬时源两侧（$x=-L$ 和 $x=L$）均有完全反射的边界，如图 2.5 所示。根据光学映射的镜像原理，将在实源的两侧对称产生无限多个像源，像源的强度和真源相同，像源位置坐标为

$$x_{s,n} = \pm 2nL \quad (n=1,2,\cdots,\infty)$$

t 时刻在 x 点产生的浓度则为真源和无限多个像源产生的浓度之和，即

$$C(x,t) = \frac{M}{\sqrt{4\pi Dt}}\exp\left(-\frac{x^2}{4Dt}\right) + \frac{M}{\sqrt{4\pi Dt}}\left\{\sum_{n=1}^{\infty}\left\{\exp\left[-\frac{(x-2nL)^2}{4Dt}\right] + \exp\left[-\frac{(x+2nL)^2}{4Dt}\right]\right\}\right\}$$

或

$$C(x,t) = \sum_{n=-\infty}^{+\infty} \frac{M}{\sqrt{4\pi Dt}}\exp\left[-\frac{(x+2nL)^2}{4Dt}\right] \tag{2.41}$$

实际应用中，一般取 $n=1\sim2$ 即可。

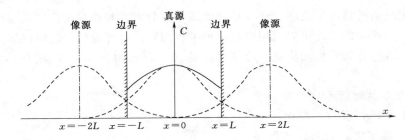

图 2.5　两侧有边界的扩散

2.4　二维和三维扩散方程的解

2.4.1　瞬时点源

在 $t=0$ 时刻，将质量为 M 的示踪质投放于 $x-y$ 坐标系的原点，则有初始条件 $C(x,y,0)=M\delta(x)\delta(y)$ 为瞬时点源。边界条件为 $C(\pm\infty,y,t)=0$；$C(x,\pm\infty,t)=0$。对于平面二维扩散，均质各向异性扩散方程如式（2.7）所示，即

$$\frac{\partial C}{\partial t} = D_x\frac{\partial^2 C}{\partial x^2} + D_y\frac{\partial^2 C}{\partial y^2}$$

多维扩散齐次边值问题的解可简单地写成一维问题解的乘积，其条件是：流场内（或浓度场）的初始浓度分布可表示为单个空间变量函数的乘积。就能满足上述的初始条件，因此可以运用"乘积法则"，即认为二维偏微分方程式（2.7）的解由两个一维问题的解的乘积给出：

$$C(x,y,t) = C_1(x,t)C_2(y,t) \tag{2.42}$$

其中 C_1 不是 y 的函数，C_2 不是 x 的函数。关于"乘积解"的证明，有兴趣的读者可参阅卡斯劳和耶格（Carslaw and Jaeger）以及克兰克（Crank）的有关文献。把式（2.42）代入二维扩散方程式（2.7），得

$$\frac{\partial C}{\partial t} = C_1 \frac{\partial C_2}{\partial t} + C_2 \frac{\partial C_1}{\partial t} = D_x C_2 \frac{\partial^2 C_1}{\partial x^2} + D_y C_1 \frac{\partial^2 C_2}{\partial y^2}$$

或

$$C_2 \left[\frac{\partial C_1}{\partial t} - D_x \frac{\partial^2 C_1}{\partial x^2} \right] + C_1 \left[\frac{\partial C_2}{\partial t} - D_y \frac{\partial^2 C_2}{\partial y^2} \right] = 0$$

上式两个方括号内的值均为 0，方程才能满足。运用一维扩散方程的解式（2.11），把两个解相乘，并注意 $\iint C \mathrm{d}x \mathrm{d}y = M$，得完整解：

$$C = C_1 C_2 = \frac{M}{4\pi t \sqrt{D_x D_y}} \exp\left(-\frac{x^2}{4D_x t} - \frac{y^2}{4D_y t} \right) \tag{2.43}$$

如前所述，对一维扩散，浓度 C 的单位是单位长度上的质量；对二维扩散它是单位面积上的质量；对三维扩散则是单位体积内的质量。

再讨论三维扩散问题。在 $t=0$ 时刻，将质量为 M 的示踪质投放于三维坐标系的原点，则有初始条件 $C(x,y,z,0) = M\delta(x)\delta(y)\delta(z)$，也为瞬时点源。边界条件为 $C(\pm\infty,y,z,t) = 0$；$C(x,\pm\infty,z,t) = 0$；$C(x,y,\pm\infty,t) = 0$。对于均质各向异性三维扩散，其基本微分方程为

$$\frac{\partial C}{\partial t} = D_x \frac{\partial^2 C}{\partial x^2} + D_y \frac{\partial^2 C}{\partial y^2} + D_z \frac{\partial^2 C}{\partial z^2}$$

同理，有乘积解：

$$C(x,y,z,t) = \frac{M}{(4\pi t)^{3/2} (D_x D_y D_z)^{1/2}} \exp\left(-\frac{x^2}{4D_x t} - \frac{y^2}{4D_y t} - \frac{z^2}{4D_z t} \right) \tag{2.44}$$

当 $D_x = D_y = D_z = D$ 时，上式变为

$$C = \frac{M}{(4\pi D t)^{3/2}} \exp\left(-\frac{r^2}{4Dt} \right) \tag{2.45}$$

式中：$r^2 = x^2 + y^2 + z^2$，即 r 是自点源（也是坐标系原点）起算的空间距离。

2.4.2 瞬时无限长线源

由于扩散方程是线性方程，瞬时线源的解可以通过瞬时点源的解的叠加得到。令沿 z 轴单位长度上投放的示踪质质量为 m_1，根据式（2.44）可得到由 z' 处的点源强度 $m_1 \mathrm{d}z'$ 所产生的 P 点处的浓度为

$$\mathrm{d}C = \frac{m_1 \mathrm{d}z'}{(4\pi t)^{3/2} (D_x D_y D_z)^{1/2}} \exp\left[-\frac{x^2}{4D_x t} - \frac{y^2}{4D_y t} - \frac{(z-z')^2}{4D_z t} \right]$$

因为是无限长线源，所以 z' 从 $-\infty$ 积分到 ∞，积分得到本问题的解为

$$C(x,y,t) = \int_{-\infty}^{\infty} \mathrm{d}C = \frac{m_1 \exp\left[-\dfrac{x^2}{4D_x t} - \dfrac{y^2}{4D_y t} \right]}{(4\pi t)^{3/2} (D_x D_y D_z)^{1/2}} \int_{-\infty}^{+\infty} \exp\left[-\frac{(z-z')^2}{4D_z t} \right] \mathrm{d}z'$$

令 $u = (z - z') / \sqrt{4D_z t}$ ，变更上下限，得

$$C(x, y, t) = \frac{m_1}{4\pi t (D_x D_y)^{1/2}} \exp\left[-\frac{x^2}{4D_x t} - \frac{y^2}{4D_y t}\right] \qquad (2.46)$$

对于垂向无限平面瞬时源的解的形式与式（2.11）相同，即

$$C(x, t) = \frac{m_2}{\sqrt{4\pi D t}} \exp\left(-\frac{x^2}{4Dt}\right) \qquad (2.47)$$

式中：m_2 为无限平面瞬时源单位面积上的质量。

2.4.3 二维和三维起始有限分布源

在之前我们讨论过一维起始有限分布源的扩散，这里我们只是把它推广到二维和三维的情况。

二维起始有限分布源的初始条件为：$t = 0$ 时，$|x| \leqslant x_1$，$|y| \leqslant y_1$，$C = C_0$；$|x| > x_1$，$|y| > y_1$，$C = 0$。边界条件为：$t > 0$ 时，$|x| \to \infty$，$|y| \to \infty$，$C = 0$。利用上述定解条件可求解二维扩散方程的解为

$$C(x, y, t) = \frac{C_0}{4}\left[\mathrm{erf}\left(\frac{x + x_1}{\sqrt{4D_x t}}\right) - \mathrm{erf}\left(\frac{x - x_1}{\sqrt{4D_x t}}\right)\right] \times \left[\mathrm{erf}\left(\frac{y + y_1}{\sqrt{4D_y t}}\right) - \mathrm{erf}\left(\frac{y - y_1}{\sqrt{4D_y t}}\right)\right]$$

$$(2.48)$$

三维起始有限分布源是瞬时有限体积源，起始条件为：$t = 0$ 时，$|x| \leqslant x_1$，$|y| \leqslant y_1$，$|z| \leqslant z_1$，$C = C_0$；$|x| > x_1$，$|y| > y_1$，$|z| > z_1$，$C = 0$。边界条件为：$t > 0$ 时，$|x| \to \infty$，$|y| \to \infty$，$|z| \to \infty$，$C = 0$。利用上述定解条件可求解三维扩散方程的解为

$$C(x, y, z, t) = \frac{C_0}{8}\left[\mathrm{erf}\left(\frac{x + x_1}{\sqrt{4D_x t}}\right) - \mathrm{erf}\left(\frac{x - x_1}{\sqrt{4D_x t}}\right)\right] \times \left[\mathrm{erf}\left(\frac{y + y_1}{\sqrt{4D_y t}}\right) - \mathrm{erf}\left(\frac{y - y_1}{\sqrt{4D_y t}}\right)\right]$$

$$\times \left[\mathrm{erf}\left(\frac{z + z_1}{\sqrt{4D_z t}}\right) - \mathrm{erf}\left(\frac{z - z_1}{\sqrt{4D_z t}}\right)\right] \qquad (2.49)$$

2.4.4 三维时间连续点源

在 $D = D_x = D_y = D_z$ 为常数的三维扩散空间中，于坐标原点处连续投放强度 $\dot{M}$ 为常数的示踪质，点源的投放时间坐标为 τ，所以在 $\mathrm{d}\tau$ 的微小时间内，投放质量为 $\dot{M}\mathrm{d}\tau$，将每一个 $\dot{M}\mathrm{d}\tau$ 看成是一个瞬时点源，那么空间中任一点 P 在 t 时浓度就应是 τ 从 0 至 t 时间间隔中的时间积分：

$$\mathrm{d}C = \frac{\dot{M}\mathrm{d}\tau}{[4\pi D(t - \tau)]^{3/2}} \exp\left[-\frac{r^2}{4D(t - \tau)}\right]$$

$$C(r, t) = \frac{\dot{M}}{(4\pi D)^{3/2}} \int_0^t \frac{1}{(t - \tau)^{3/2}} \exp\left[-\frac{r^2}{4D(t - \tau)}\right]\mathrm{d}\tau$$

令 $u = \sqrt{r^2 / 4D(t - \tau)}$，则 $\mathrm{d}\tau = \sqrt{\dfrac{4D}{r^2}} \cdot 2(t - \tau)^{3/2}\mathrm{d}u$。当 $\tau = 0$ 时，有 $u = \sqrt{r^2 / 4Dt} = \theta(r, t)$；当 $\tau = t$ 时，有 $u = \infty$，得解为

$$C(r,t) = \frac{\dot{M}}{4\pi^{3/2} D \sqrt{r^2/4}} \int_0^{+\infty} \exp(-u^2) \mathrm{d}u$$

$$= \frac{\dot{M}}{2\pi^{3/2} Dr} \left[\int_0^{+\infty} \exp(-u^2) \mathrm{d}u - \int_0^{\theta} \exp(-u^2) \mathrm{d}u \right]$$

$$= \frac{\dot{M}}{4\pi Dr} \mathrm{erfc}\left(\frac{r}{\sqrt{4Dt}}\right) \tag{2.50}$$

2.5 随流扩散方程及其特定解

2.5.1 随流扩散方程

前面讨论的都是假定环境水体处于静止状态下水中溶质分子扩散问题。由于环境水体处在流动状态，水体中不仅因分子扩散而产生物质迁移，同时溶质随水质点一起流动也要产生迁移作用，这种随流迁移的现象称为随流输移。

随流扩散通量 q_v 可表示为

$$q_v = UC$$

式中：U 为平均流速。加上分子扩散，则总扩散通量为

$$q = UC - D\frac{\mathrm{d}C}{\mathrm{d}n} \tag{2.51}$$

在笛卡尔坐标系中，扩散通量在各方向的分量为

$$q_x = u_x C - D_y \frac{\partial C}{\partial x} \tag{2.52}$$

$$q_y = u_y C - D_y \frac{\partial C}{\partial y} \tag{2.53}$$

$$q_z = u_z C - D_z \frac{\partial C}{\partial z} \tag{2.54}$$

将式（2.52）～式（2.54）代入质量守恒方程式（2.2），得三维非均质各向异性随流扩散方程为

$$\frac{\partial C}{\partial t} + u_x \frac{\partial C}{\partial x} + u_y \frac{\partial C}{\partial y} + u_z \frac{\partial C}{\partial z} = D_x \frac{\partial^2 C}{\partial x^2} + D_y \frac{\partial^2 C}{\partial y^2} + D_z \frac{\partial^2 C}{\partial z^2}$$

$$\tag{2.55}$$

对于三维均质各向异性随流扩散（又称为三向随流三维扩散）的微分方程为

$$\frac{\partial C}{\partial t} + u_x \frac{\partial C}{\partial x} + u_y \frac{\partial C}{\partial y} + u_z \frac{\partial C}{\partial z} = D\left(\frac{\partial^2 C}{\partial x^2} + \frac{\partial^2 C}{\partial y^2} + \frac{\partial^2 C}{\partial z^2}\right) \tag{2.56}$$

如果只考虑一个方向如 x 方向随流三个方向扩散称为一向随流三维扩散，其方程为

$$\frac{\partial C}{\partial t} + u \frac{\partial C}{\partial x} = D\left(\frac{\partial^2 C}{\partial x^2} + \frac{\partial^2 C}{\partial y^2} + \frac{\partial^2 C}{\partial z^2}\right) \tag{2.57}$$

一维随流扩散方程为

$$\frac{\partial C}{\partial t} + u \frac{\partial C}{\partial x} = D \frac{\partial^2 C}{\partial x^2} \tag{2.58}$$

二维随流扩散方程为

$$\frac{\partial C}{\partial t} + u \frac{\partial C}{\partial x} = D \left(\frac{\partial^2 C}{\partial x^2} + \frac{\partial^2 C}{\partial y^2} \right) \tag{2.59}$$

在圆柱坐标系 (r, θ, x) 下，三维均质各向异性随流扩散方程式（2.56）表示为

$$\frac{\partial C}{\partial t} + u_r \frac{\partial C}{\partial r} + \frac{u_\theta}{r} \frac{\partial C}{\partial \theta} + u_x \frac{\partial C}{\partial x} = D \left[\frac{1}{r} \frac{\partial}{\partial r} \left(r \frac{\partial C}{\partial r} \right) + \frac{1}{r^2} \frac{\partial^2 C}{\partial \theta} + \frac{\partial^2 C}{\partial x^2} \right] \tag{2.60}$$

式中：u_r、u_θ 和 u_x 分别是流速在 r、θ 和 x 方向上的分量。

以上这些公式称为随流扩散方程。可以将它们直接用于层流的随流扩散问题，也是进一步研究紊流的随流扩散的基础。随流扩散方程式（2.55）与分子扩散方程式（2.3）的不同点是多了一些随流项，共同点是两者都是质量守恒定律在扩散问题中的体现。

2.5.2 随流扩散方程的特定解

用解析法求解三维随流扩散方程中浓度函数 $C(x,y,z,t)$ 在数学上是很困难的，一般只对一维随流扩散方程，且在边界条件和初始条件都比较简单的情况下才有可能。此外，严格来说，因为水中污染物质的存在对流动会产生影响（如热污染、海水与河水混掺等），所以当求解随流扩散方程（包括将要介绍的随流紊动扩散方程）时，应将它与流体运动基本方程组联立，来求解包括流速和浓度等未知函数。但在示踪物质的假定下，可以将流场和浓度场分开求解，即先求解流速场，然后求解浓度场。本节讨论一维流场三维扩散的随流扩散方程的几种解答。

2.5.2.1 瞬时点源解

首先研究一维随流扩散问题，其扩散方程为式（2.58），即

$$\frac{\partial C}{\partial t} + u \frac{\partial C}{\partial x} = D \frac{\partial^2 C}{\partial x^2}$$

为了利用静止水域分子扩散方程的瞬时点源解，可以建立运动坐标系（令坐标系随流移动），将随流扩散方程变成分子扩散方程。

令 $\xi = x - ut$，$C = C(\xi, t)$，则

$$\frac{\partial \xi}{\partial x} = 1, \quad \frac{\partial \xi}{\partial t} = -u$$

$$\frac{\partial C}{\partial x} = \frac{\partial C}{\partial \xi} \frac{\partial \xi}{\partial x} = \frac{\partial C}{\partial \xi}, \quad \frac{\partial^2 C}{\partial x^2} = \frac{\partial^2 C}{\partial \xi^2} \tag{2.61}$$

$$\frac{\partial C}{\partial t} = \frac{\partial C}{\partial \xi} \frac{\partial \xi}{\partial t} + \frac{\partial C}{\partial t} = -u \frac{\partial C}{\partial \xi} + \frac{\partial C}{\partial t} \tag{2.62}$$

代入一维随流扩散方程，得

$$-u \frac{\partial C}{\partial \xi} + \frac{\partial C}{\partial t} + u \frac{\partial C}{\partial \xi} = D \frac{\partial^2 C}{\partial \xi^2}$$

$$\frac{\partial C}{\partial t} = D \frac{\partial^2 C}{\partial \xi^2} \tag{2.63}$$

式（2.63）表明，如果站在速度为 u 的动坐标 ξ 上观察，则一维随流扩散问题变为在静止水体中的扩散问题，这些扩散问题已在前几节中按若干典型的初始条件和边界条件得

出了解析解。在这些解式中，以 $(x-ut)$ 转换 ξ 之后，就是问题的解。上述的这种解法称为置换解法。可以将置换解法应用到一维流场二维和三维扩散的某些问题中来。

一维随流二维和三维扩散方程分别为

$$\frac{\partial C}{\partial t} + u\,\frac{\partial C}{\partial x} = D\left(\frac{\partial^2 C}{\partial x^2} + \frac{\partial^2 C}{\partial y^2}\right) \tag{2.64}$$

和

$$\frac{\partial C}{\partial t} + u\,\frac{\partial C}{\partial x} = D\left(\frac{\partial^2 C}{\partial x^2} + \frac{\partial^2 C}{\partial y^2} + \frac{\partial^2 C}{\partial z^2}\right) \tag{2.65}$$

对上述两式分别按式（2.61）和式（2.62）进行变换，得

$$\frac{\partial C}{\partial t} = D\left(\frac{\partial^2 C}{\partial \xi^2} + \frac{\partial^2 C}{\partial y^2}\right) \tag{2.66}$$

和

$$\frac{\partial C}{\partial t} = D\left(\frac{\partial^2 C}{\partial \xi^2} + \frac{\partial^2 C}{\partial y^2} + \frac{\partial^2 C}{\partial z^2}\right) \tag{2.67}$$

因此，根据一维随流二维和三维扩散问题的具体情况，也有可能利用二维和三维扩散方程的某些解析解，以 $(x-ut)$ 置换其中的 x，然后检查该解是否满足一维随流扩散方程给定的初始条件和边界条件，如果满足，这就是所求的解。

（1）一维扩散问题的解：

$$C = \frac{M}{\sqrt{4\pi Dt}}\exp\left(-\frac{\xi^2}{4Dt}\right)$$

$$C = \frac{M}{\sqrt{4\pi Dt}}\exp\left[-\frac{(x-ut)^2}{4Dt}\right] \tag{2.68}$$

浓度 C 的图形见图 2.6。不难验证，该解满足瞬时点源无界空间的初始条件 $C(x,0) = M\delta(x)$ 和边界条件 $C(\pm\infty,t) = 0$。图 2.6 表明，随着时间的增加，正态曲线的峰值越小，其分散程度越大。显然，式（2.68）也是瞬时无限平面源空间的一维随流扩散问题的解。

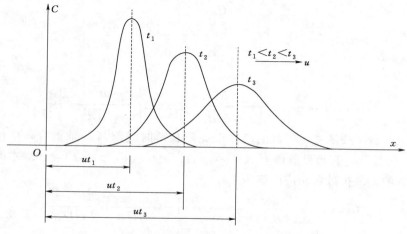

图 2.6　瞬时点源一维随流扩散

（2）二维扩散问题的解：

初始条件为

$$C(x,y,0)=M\delta(x,y), \qquad \delta(x,y)=\begin{cases}1, & (x,y)\in(0,0)\\ 0, & \text{其他}\end{cases} \tag{2.69}$$

边界条件为

$$C(\pm\infty,y,t)=0, \quad t>0$$
$$C(x,\pm\infty,t)=0, \quad t>0$$

这个问题的解为

$$C=\frac{M}{4\pi Dt}\exp\left[-\frac{(x-ut)^2+y^2}{4Dt}\right] \tag{2.70}$$

（3）三维扩散问题的解为

$$C=\frac{M}{(4\pi Dt)^{3/2}}\exp\left[-\frac{(x-ut)^2+y^2+z^2}{4Dt}\right] \tag{2.71}$$

2.5.2.2　瞬时线源解

（1）一维起始无限分布源的解：

初始条件为

$$C(x,0)=\begin{cases}0, & x>0\\ C_0, & x<0\end{cases}$$

边界条件为

$$C(\infty,t)=0,\ C(-\infty,t)=C_0$$

相应解为

$$C(x,t)=\frac{C_0}{2}\operatorname{erfc}\left(\frac{x-ut}{\sqrt{4Dt}}\right) \tag{2.72}$$

（2）一维起始有限分布源的解：

初始条件为

$$C(x,0)=\begin{cases}0, & |x|>x_1\\ C_0, & |x|<x_1\end{cases}$$

边界条件为

$$C(\pm\infty,t)=0$$

相应解为

$$C(x,t)=\frac{C_0}{2}\left[\operatorname{erf}\left(\frac{x-ut+x_1}{\sqrt{4Dt}}\right)-\operatorname{erf}\left(\frac{x-ut-x_1}{\sqrt{4Dt}}\right)\right] \tag{2.73}$$

（3）无限长瞬时线源二维扩散的解。设无限长瞬时线源与 z 轴重合，单位长线源的投放质量 m_1 为常数，其边界条件 $C(\pm\infty,y,t)=C(x,\pm\infty,t)=0$。本问题相当于平面瞬时点源的二维扩散，相应的解为

$$C(x,y,t)=\frac{m_1}{4\pi t(D_xD_y)^{1/2}}\exp\left[-\frac{(x-ut)^2}{4D_xt}-\frac{y^2}{4D_yt}\right] \tag{2.74}$$

当 $D_x=D_y=D$ 时，有

$$C(x,y,t) = \frac{m_1}{4\pi t}\exp\left[-\frac{(x-ut)^2+y^2}{4Dt}\right] \tag{2.75}$$

2.5.2.3 时间连续恒定点源解

(1) 恒定投放速率的点源。以三维扩散问题为例，设单位时间排放质量 $\dot{M}$ 为常数，微小瞬时点源 $\mathrm{d}M=\dot{M}\mathrm{d}\tau$ 的解为

$$\mathrm{d}C = \frac{\dot{M}\mathrm{d}\tau}{[4\pi D(t-\tau)]^{3/2}}\left\{-\frac{[x-u(t-\tau)]^2+y^2+z^2}{4D(t-\tau)}\right\}$$

对上式积分可得时间连续恒定点源解为

$$C = \int_0^t \frac{\dot{M}}{[4\pi D(t-\tau)]^{3/2}}\exp\left\{-\frac{[x-u(t-\tau)]^2+y^2+z^2}{4D(t-\tau)}\right\}\mathrm{d}\tau$$

作变量代换，令 $r^2=x^2+y^2+z^2$，又令 $\lambda=\dfrac{r}{\sqrt{4D(t-\tau)}}$，则有

$$t-\tau=\frac{r^2}{4D\lambda^2}, \quad \tau=t-\frac{r^2}{4D\lambda^2}, \quad \mathrm{d}\tau=\frac{r^2}{2D\lambda^3}\mathrm{d}\lambda$$

当 $\tau=0$ 时，$\lambda=\dfrac{r}{\sqrt{4Dt}}$；当 $\tau=t$ 时，$\lambda=\infty$。代入积分式

$$C = \int_{\frac{r}{\sqrt{4Dt}}}^{\infty} \frac{\dot{M}}{\left(4\pi D\,\frac{r^2}{4D\lambda^2}\right)^{3/2}}\exp\left[-\frac{x^2+y^2+z^2-2ux\,\frac{r^2}{4D\lambda^2}+u^2\left(\frac{r^2}{4D\lambda^2}\right)^2}{4D\,\frac{r^2}{4D\lambda^2}}\right]\frac{r^2}{2D\lambda^3}\mathrm{d}\lambda$$

$$= \int_{\frac{r}{\sqrt{4Dt}}}^{\infty} \frac{\dot{M}\lambda^3}{r^3\pi^{3/2}}\exp\left[-\frac{\lambda^2 r^2\left(1-\frac{ux}{2D\lambda^2}+\frac{u^2 r^2}{16D^2\lambda^4}\right)}{r^2}\right]\frac{r^2}{2D\lambda^3}\mathrm{d}\lambda$$

$$= \frac{\dot{M}}{2Dr\pi^{3/2}}\int_{\frac{r}{\sqrt{4Dt}}}^{\infty}\exp\left[-\lambda^2+\frac{ux}{2D}-\left(\frac{ur}{4D\lambda}\right)^2\right]\mathrm{d}\lambda$$

令 $\beta=\dfrac{ur}{4D}$

$$C = \frac{\dot{M}\exp\left(\frac{ux}{2D}\right)}{4\pi Dr}\frac{2}{\sqrt{\pi}}\int_{\frac{r}{\sqrt{4Dt}}}^{\infty}\exp\left[-\left(\lambda^2+\frac{\beta^2}{\lambda^2}\right)\right]\mathrm{d}\lambda$$

式中：$\dfrac{2}{\sqrt{\pi}}\displaystyle\int_{\frac{r}{\sqrt{4Dt}}}^{\infty}\exp\left[-\left(\lambda^2+\frac{\beta^2}{\lambda^2}\right)\right]\mathrm{d}\lambda=\exp(-2\beta)=\exp\left(-\frac{ur}{2D}\right)$ 称为 β 函数。故

$$C = \frac{\dot{M}}{4\pi Dr}\exp\left[-\frac{u(r-x)}{2D}\right] \tag{2.76}$$

可以绘出浓度曲线呈长椭圆形，如图 2.7 所示。

由图 2.7 可见，由于随流扩散作用，沿流动方向水流把等浓度线拉成细长的橄榄形。在远离点源的下游，$x\to\infty$，$x^2\gg y^2+z^2$，或 $(y^2+z^2)/x^2\to\varepsilon$（无穷小量），因 $r^2=x^2+y^2+z^2=x^2\left(1+\dfrac{y^2+z^2}{x^2}\right)$，当 $x\to\infty$ 时，$r\to x$。

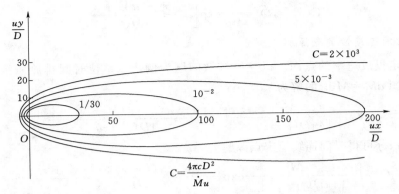

图 2.7　时间连续恒定点源一维流场三维扩散的等浓度线

$$r = x\sqrt{1 + \frac{y^2 + z^2}{x^2}} = x\sqrt{1 + \frac{y^2 + z^2}{x^2} + \left(\frac{y^2 + z^2}{2x^2}\right)^2 - \left(\frac{y^2 + z^2}{2x^2}\right)^2}$$

$$\approx x\sqrt{\left(1 + \frac{y^2 + z^2}{2x^2}\right)^2} = x\left(1 + \frac{y^2 + z^2}{2x^2}\right)$$

$$r = x + \frac{y^2 + z^2}{2x}, \quad r - x = \frac{y^2 + z^2}{2x}$$

代入式（2.76），得

$$C(x,y,z) = \frac{\dot{M}}{4\pi Dr}\exp\left[-\frac{u(r-x)}{2D}\right] = \frac{\dot{M}}{4\pi Dx}\exp\left[-\frac{u(y^2 + z^2)}{4Dx}\right]$$

（2.77）

这就是一维流场三维扩散空间时间连续恒定点源解。

（2）时间连续恒定线源解。如果污染源是沿 z 轴的时间连续线源，单位长度单位时间排放质量 m_3，则平面二维扩散问题的解为

$$C(x,y) = \int_{-\infty}^{+\infty} \frac{m_3}{4\pi Dx}\exp\left\{-\frac{u[y^2 + (z-z')^2]}{4Dx}\right\}dz'$$

令 $\lambda = \sqrt{\dfrac{u}{4\mathrm{d}x}}(z-z')$，$\mathrm{d}z' = -\sqrt{\dfrac{4Dx}{u}}\,\mathrm{d}\lambda$，积分得

$$C(x,y) = \frac{m_3}{\sqrt{4\pi Dxu}}\exp\left(-\frac{uy^2}{4Dx}\right)$$

（2.78）

（3）恒定浓度点源一维扩散。设河流原来各处示踪质浓度均为 0，在 $t=0$ 时上游某一点（设为坐标系原点）$x=0$ 处浓度瞬时升高为 C_1，以后保持不变。此种情况，初始条件为 $C\ (-\infty < x < \infty, 0) = 0$；边界条件为 $C\ (-\infty, t) = C\ (\infty, t) = 0$；$C\ (0, t) = C_1$。用拉氏变换法求解，得

$$C(x,t) = \frac{C_1}{2}\left[\mathrm{erfc}\left(\frac{x-ut}{\sqrt{4Dt}}\right) + \mathrm{erfc}\left(\frac{x+ux}{\sqrt{4Dt}}\right)\exp\left(\frac{ux}{D}\right)\right]$$

（2.79）

用式（2.79）画出浓度与时间的关系曲线，如图 2.8 所示。

2.5.2.4　一维流场横向扩散的稳态问题（分层流）

在三维随流扩散方程式（2.56）中，当 $u_y = u_z = 0$ 时，并忽略在 x 方向和 y 方向上

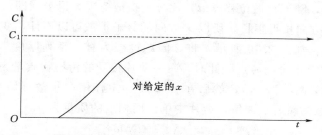

图 2.8 时间连续恒定点源一维随流扩散

的分子扩散项，便得一维随流横向扩散方程：

$$\frac{\partial C}{\partial t} + u\,\frac{\partial C}{\partial x} = D\,\frac{\partial^2 C}{\partial z^2} \tag{2.80}$$

在一维随流横向扩散中，最简单且具有代表性的例子就是两种不同浓度的稳态分层流。设各点的速度同为 u（常量）；浓度的初始情形如图 2.9 所示，在 x 轴上方的浓度为 0，下方的浓度为 C_0（常量）。因为输入量与时间无关，所以稳定后的解应与时间无关，式（2.80）可以简化为

$$u\,\frac{\partial C}{\partial x} = D\,\frac{\partial^2 C}{\partial z^2} \tag{2.81}$$

边界条件为：当 $x > 0$ 时，$C\ (x, \infty) = 0$，$C\ (x, -\infty) = C_0$。

$$C(0, z) = \begin{cases} 0, & z > 0 \\ C_0, & z < 0 \end{cases}$$

将式（2.63）与式（2.81）比较，t 与 x/u 相当，ξ 与 z 相当；本问题的边界条件也与瞬时线源一维随流扩散的边界条件和无界条件相当，故可得式（2.72）相似的解为

$$C(x, z) = \frac{C_0}{2}\mathrm{erfc}\left(\frac{z}{\sqrt{4Dx/u}}\right) \tag{2.82}$$

该解式的曲线如图 2.9 所示。

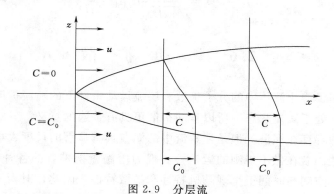

图 2.9 分层流

2.5.2.5 一维流场二维横向扩散的时间连续恒定点源稳态解

前述已介绍过时间连续点源无界空间的一维流场三维扩散的稳态问题。这类扩散在未达稳定之前，沿 x 方向的扩散范围可以用长度 $\sqrt{2Dt}$（即距离标准差 σ）来衡量，当 t 较

大，达到稳态之后，随流扩散位移（ut）比分子扩散范围大得多（即 $x \gg 2D/u$），等浓度线（图 2.7）沿 x 方向拉得很长，所以 x 方向的分子扩散可以不计，变为一维流场二维横向扩散的稳态问题。如图 2.10 所示，将该问题设想为有一系列厚度为 δx 的薄片，以速度 u 经过与坐标原点重合的源点。此时，每一薄片接受的污染物质量为 $\dot{M}\delta\tau$（$\delta\tau$ 为每一薄片通过源点的历时，$\delta\tau = \delta x/u$），然后在 yOz 平面上作横向扩散（该平面也以速度 u 运动）。根据二维扩散的瞬时点源解，薄片中单位面积上的质量为

$$\frac{\dot{M}\delta\tau}{4\pi t \sqrt{D_y D_z}}\exp\left(-\frac{y^2}{4D_y t}-\frac{z^2}{4D_z t}\right)=\frac{\dot{M}\delta x}{4\pi t u \sqrt{D_y D_z}}\exp\left(-\frac{y^2}{4D_y t}-\frac{z^2}{4D_z t}\right)$$

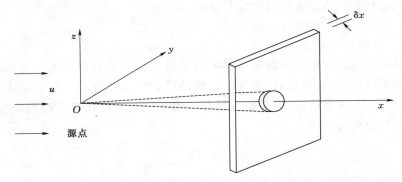

图 2.10　简化计算的运动薄片分析图

考虑到薄片的位置是由 $x = ut$ 给出的，而且三维的浓度是薄片单位面积上的质量除以薄片厚度 δx，故可以得到本问题的解

$$C(x,y,z)=\frac{\dot{M}}{4\pi x \sqrt{D_y D_z}}\exp\left[-\left(\frac{y^2 u}{4D_y x}-\frac{z^2 u}{4D_z x}\right)\right] \tag{2.83}$$

因为 $D = D_x = D_z$，并令 $r^2 = y^2 + z^2$，上式变为

$$C(x,y,z)=\frac{\dot{M}}{\sqrt{4\pi D x}}\exp\left(-\frac{r^2 u}{4D}\right) \tag{2.84}$$

2.6　紊　动　扩　散

前几节只介绍了静止液体中的分子扩散和层流运动条件下的随流扩散。但是，水环境中的水体流动大多处于紊流状态，所以紊动扩散更具有普遍的意义。

层流和紊流中都存在涡漩。但是，紊流中的涡漩具有显著的尺度大小的不均匀性，而且最重要的是这些涡漩在做不规则的运动，表现为由涡漩携带着的各种物理量（如动量、质量、热量等）在空间与时间上呈现随机特性和扩散特性。因此，对紊流场中任一空间点来说，流速的大小及方向、压强的大小、温度和浓度的大小都随时间和空间作随机变化。紊动扩散就是由紊流的涡漩的不规则运动（脉动）而引起的物质迁移过程。

1883 年著名的雷诺实验表明，它的本身就反映紊动扩散引起的示踪质的输移能力比层流下分子扩散的输移能力大得多。这是因为紊流涡漩的不规则运动，在尺度上和运载能

力上都远比分子的无规则运动大得多。

由于紊流运动的复杂性，紊动扩散规律至今依然是一大难题，紊动扩散与分子扩散的一个重要区别是：分子扩散过程中，分子运动没有记忆行为，即分子相互碰撞之后下一步开始时没有后效和史前效应，属于马尔可夫随机过程；而流体质点在作紊流运动时，运动是连续的而且流体质点间有广泛的相互作用，流体质点有记忆行为，不属于马尔可夫随机过程。

分析紊动扩散有两种方法：拉格朗日法和欧拉法。泰勒（G. I. Taylor）于 1921 年最早采用拉格朗日方法研究紊动扩散，至今这种方法仍是研究紊动扩散的理论基础。巴切勒（G. K. Batchelor）基于前述随机游动理论，于 1949 年提出了"流场中任意给定的某一空间点的统计平均浓度，等于单个质点从扩散源到达该点的几率"的观点，为欧拉法的扩散理论打下了基础。

2.6.1 紊流（动）的特性

紊动流体除了具有黏性流体的共同性质（如连续性和机械能的黏性损耗）之外，还具有如下主要特征。

（1）脉动性即使在流量不变的情况下，流场中各种流动参量（如流速、压力等）的值呈现强烈的脉动现象，具有一定的随机性质。

（2）不规则性流体质点做极不规则的运动，它的轨迹线蜿蜒曲折。

（3）扩散性流体的各项特性如动量、能量、温度和含有物质的浓度等通过紊动向各方向传递，一般从高值处向低值处扩散。

（4）三维有涡性紊流是有涡运动，而且总具有三维的特性，在讨论紊流中涡量脉动的一个重要机理——涡体的拉伸时，可以看到这种涡量瞬时分布不可能是二维的。

（5）大雷诺数流动的雷诺数超过某个临界值以后，流动不稳定，扰动才能发展形成紊流。

目前大家比较认可的观点是：紊流是由各种不同尺度的大小涡漩组合的复杂运动，还要指出，紊流并不是流体本身固有的一种性质（如黏滞性），而是一种特定的流动形态，因此，它的特性与边界条件有密切关系，不同边界类型下的紊流各有其特点。

2.6.2 紊动扩散的拉格朗日法

2.6.2.1 单个流体质点的扩散

泰勒于 1921 年提出用拉格朗日法研究单个流体质点的紊动扩散，从而奠定了紊动扩散的理论基础。当然，紊流中众多质点的运动只能视为连续的，但这并不妨碍讨论某个标记流体质点在紊流中的运动路径。为了讨论问题方便，我们假定紊流场对时间与空间都是均匀的，同时取最简单的情况，即仅在一个方向（如 y 方向）上讨论质点的运动路径。下列方程给出了某个质点离开点 $y(0)$ 的位移：

$$y(t) = y(0) + \int_0^t v(t')\mathrm{d}t' \qquad (2.85)$$

式中：$y(t)$ 为经过 t 时段后质点到新位置的 y 坐标值。$y(0)$ 是 $t=0$ 时刻的初始 y 坐标值，为简单起见，取这点为原点，故 $y(0)=0$；$v(t)$ 为某质点脉动流速在 y 坐标上的分量，这是一个随机变量，则统计平均值 $\overline{y(t)} = 0$。

令扩散时间为 t_0，经历时间 t 后，标记质点移动距离为 $y(t_0 + t)$，则

$$y(t_0 + t) = \int_0^t v(t_0 + t') \mathrm{d}t' \tag{2.86}$$

利用上述紊动在时空上均匀的假定，紊动的统计特性不随时间变化，可用时间平均代替统计平均，则 $y(t)$ 的均方差或方差可写为

$$\begin{aligned}
\overline{y^2(t)} &= \frac{1}{T} \int_0^T y^2(t_0 + t) \mathrm{d}t_0 \\
&= \frac{1}{T} \int_0^T \mathrm{d}t_0 \int_0^t \mathrm{d}t' \int_0^t v(t_0 + t') v(t_0 + t'') \mathrm{d}t'' \\
&= \int_0^t \mathrm{d}t' \int_0^t \mathrm{d}t'' \left[\frac{1}{T} \int_0^T v(t_0 + t') v(t_0 + t'') \mathrm{d}t_0 \right] \\
&= \int_0^t \int_0^t \overline{v(t_0 + t') v(t_0 + t'')} \, \mathrm{d}t'' \mathrm{d}t'
\end{aligned} \tag{2.87}$$

式中画横线的部分是对大量具有不同起始时刻 t_0 的质点进行的，每个质点取两个时刻的脉动流速的乘积来求平均。

在两个不同时间坐标 (t', t'') 构成的平面内的积分是在以 0 与 t 为极限的正方形内进行的。由于被积函数对 t' 与 t'' 是对称的，我们可以用三角形（它是等腰直角三角形）的两倍来代替正方形，因此有

$$\int_0^t \int_0^t \mathrm{d}t' \mathrm{d}t'' = 2 \int_0^t \mathrm{d}t' \int_0^{t'} \mathrm{d}t''$$

上式中左边积分是正方形面积；右边的积分式是三角形面积。因此，式（2.87）可写为

$$\overline{y^2(t)} = 2 \int_0^t \mathrm{d}t' \int_0^{t'} \overline{v(t_0 + t') v(t_0 + t'')} \, \mathrm{d}t'' \tag{2.88}$$

式中 $\overline{v(t_0 + t') v(t_0 + t'')}$ 的含义是，同一个流体质点在时间差为 τ（$\tau = t'' - t'$）的两个脉动流速的乘积对许多质点的平均值。与对应的气体分子随机游动情况不完全相同，流体质点在两个时刻 t' 与 t'' 的运动不是相互独立的，而是多少总有些相关的。只要相隔的时间 τ 不太大，这个平均值就不等于 0，为此引入拉格朗日自相关系数 $R_{\mathrm{L}}(\tau)$：

$$R_{\mathrm{L}}(\tau) = \frac{\overline{v(t) v(t + \tau)}}{\overline{v^2}} \tag{2.89}$$

由于 $t'' - t' = \tau$，且紊流在时间上恒定，故 t' 的变化可由 τ 的变化来反映。当用 $\mathrm{d}\tau$ 代替 $\mathrm{d}t''$ 时，积分上下限也应作相应的变更。因为当 $t'' = 0$ 时，$\tau = -t'$，当 $t'' = t'$ 时，$\tau = 0$，所以方程式（2.88）变为

$$\overline{y^2(t)} = 2 \int_0^t \mathrm{d}t' \int_{-t'}^0 \overline{v(t') v(t' + \tau)} \, \mathrm{d}\tau$$

以 $-\tau$ 代替 τ 时，有

$$\overline{y^2(t)} = 2 \int_0^t \mathrm{d}t' \int_0^{t'} \overline{v(t') v(t' - \tau)} \, \mathrm{d}\tau$$

由于紊流是恒定的，则有如下关系式：

$$\overline{v(t')v(t'-\tau)}=\overline{v(t')v(t'+\tau)}$$

所以：

$$\overline{y^2(t)}=2\,\overline{v^2}\int_0^t\mathrm{d}t'\int_0^{t'}R_{\mathrm{L}}(\tau)\mathrm{d}\tau \tag{2.90}$$

式（2.90）是由泰勒于 1921 年得到的。

通过分部积分可把式（2.90）中的积分式改写为

$$\int_0^t\mathrm{d}t'\int_0^{t'}R_{\mathrm{L}}(\tau)\mathrm{d}\tau=\int_0^t\int_0^{t'}R_{\mathrm{L}}(\tau)\mathrm{d}\tau\mathrm{d}t'=\left|t'\int_0^{t'}R_{\mathrm{L}}(\tau)\mathrm{d}\tau\right|_0^t-\int_0^t t'\left[\int_0^{t'}R_{\mathrm{L}}(\tau)\mathrm{d}\tau\right]_{t'}'\mathrm{d}t'$$

$$=t\int_0^t R_{\mathrm{L}}(\tau)\mathrm{d}\tau-\int_0^t t'R_{\mathrm{L}}(t')\mathrm{d}t'$$

$$=t\int_0^t R_{\mathrm{L}}(\tau)\mathrm{d}\tau-\int_0^t \tau R_{\mathrm{L}}(\tau)\mathrm{d}\tau$$

于是方程式（2.90）写成

$$\overline{y^2(t)}=2\,\overline{v^2}\int_0^t(t-\tau)R_{\mathrm{L}}(\tau)\mathrm{d}\tau \tag{2.91}$$

式（2.91）由德菲利（Kampe′de Fe′riet）于 1939 年给出。

下面按两种情况进行分析。

（1）扩散时间很短的情况：当 $\tau\rightarrow 0$ 时，从式（2.89）可知 $R_{\mathrm{L}}(\tau)\rightarrow 1$。对此取 $R_{\mathrm{L}}(\tau)$ 为 1，从式（2.90）或式（2.91）可得

$$\overline{y^2(t)}\approx\overline{v^2}t^2 \quad \text{或} \quad \sqrt{\overline{y^2(t)}}\approx\sqrt{\overline{v^2}}\,t \tag{2.92}$$

这表明在扩散初期，即当 τ 较小时，质点的扩散幅度 $\sqrt{\overline{y^2(t)}}$ 与时间成正比。

（2）扩散对间很长的情况：设达到某一时刻 t^* 后，后继脉动流速已与前述流速脉动不相关了，即 $t=t^*$ 时，$R_{\mathrm{L}}(t^*)\approx 0$，则当 $t\gg t^*$ 时，有如下关系：

$$\int_0^t(t-\tau)R_{\mathrm{L}}(\tau)\mathrm{d}\tau=t\int_0^{t^*}R_{\mathrm{L}}(\tau)\mathrm{d}\tau-\int_0^{t^*}\tau R_{\mathrm{L}}(\tau)\mathrm{d}\tau \tag{2.93}$$

当 t 很大时，上式等号右边的第二项远比第一项小，可忽略。得

$$\int_0^{t^*}R_{\mathrm{L}}(\tau)\mathrm{d}\tau=T_{\mathrm{L}} \tag{2.94}$$

T_{L} 称为拉格朗日积分时间比尺。把式（2.93）代入式（2.91）得

$$\overline{y^2(t)}\approx 2\,\overline{v^2}T_{\mathrm{L}}t \tag{2.95}$$

或

$$\sqrt{\overline{y^2(t)}}\approx\sqrt{\overline{v^2}}\,\sqrt{2T_{\mathrm{L}}t} \tag{2.96}$$

这表明扩散时间很长后，质点的扩散幅度与 $\sqrt{t}$ 成正比。这使我们回忆起分子扩散的标准差 σ 与 $\sqrt{t}$ 成正比的情况，即公式（2.15）。

现将紊动扩散和分子扩散进行比较，分子扩散是完全随机的，分子相互之间没有后效和史前效应，是完全独立的，其概率密度分布是正态分布，标准差 σ 与扩散时间 $\sqrt{t}$ 成正比。在恒定均匀紊动中，在扩散后期，即 $t\gg T_{\mathrm{L}}$ 之后，扩散的幅度 $\sqrt{\overline{y^2(t)}}$ 也与 $\sqrt{t}$ 成正

比。因此，可以定义一个与分子扩散系数类似的紊动扩散系数 E_y（本节以 y 方向为例）：

$$E_y = \frac{1}{2} \frac{\mathrm{d}\overline{y^2}}{\mathrm{d}t} = \frac{\overline{y^2(t)}}{2t} = \overline{v^2} T_{\mathrm{L}}$$

$$= \overline{v^2} \int_0^{t^*} R_{\mathrm{L}}(\tau) \mathrm{d}\tau$$

$$= \overline{v^2} \int_0^{+\infty} R_{\mathrm{L}}(\tau) \mathrm{d}\tau \tag{2.97}$$

因为当 $t > t^*$ 时，相关 $R_{\mathrm{L}}(\tau) \approx 0$，上式还可写为

$$E_y = \sqrt{\overline{v^2}} \, \Lambda \tag{2.98}$$

其中：

$$\Lambda = \sqrt{\overline{v^2}} \int_0^{+\infty} R_{\mathrm{L}}(\tau) \mathrm{d}\tau \tag{2.99}$$

Λ 称为拉格朗日扩散长度比尺。根据实验资料，在 $t \gg T_{\mathrm{L}}$ 之后，恒定均匀紊流中示踪质的扩散运动是一个近似符合马尔可夫过程的随机运动。这就是说示踪质的浓度分布 C 满足微分方程式（2.8），此式目前可写为

$$\frac{\partial C}{\partial t} = E_x \frac{\partial^2 C}{\partial x^2} \tag{2.100}$$

此式与分子扩散方程的唯一不同点是，用紊动扩散系数（E_x 是 x 方向的紊动扩散系数）去代替分子扩散系数。分子扩散系数 D 是由物理属性决定的，而紊动扩散系数 E 则和流场的流动特性有关。

2.6.2.2　两个质点的相对扩散

前面求得的是单个质点的扩散，但是对于一个扩散质团来说，这种扩散位置实质上只表示扩散质团的重心的位置。为了研究扩散质团轮廓外形的变化，就需要分析原来和重心点有距离的其他质点与重心点之间彼此的相对扩散，因此引出了相对扩散的问题。这个问题最简单的情况是分析两个质点之间的相对扩散。

两质点间的相对扩散和两质点原来间距的大小有关。如果两点间距大于紊动长度积分比尺，则两点将各自独立地游动，互不影响。如果两点一开始就彼此接近，则两者的运动彼此影响，并受各种紊动尺度的支配。这两个流体质点分别用 α 和 β 标记。那么它们的相对速度 w_i 为

$$w_i = (v_i)_\beta - (v_i)_\alpha \tag{2.101}$$

两点各自的位移 $(y_i)_\alpha$ 和 $(y_i)_\beta$，令 z_i 表示两点的相对位移，则

$$z_i = (y_i)_\beta - (y_i)_\alpha = z_i(0) + \int_0^t w_i(t') \mathrm{d}t' \tag{2.102}$$

由统计平均的观点认为，紊流场中有无数的两两配对的质点，其相对位移 z_i 是随机量。如果紊流场是平稳均匀的，就整体平均，可以得到反映质点扩散唯一的一些统计平均值，先定义下述参量：

相对扩散的分离均方值为

$$S^2 = \overline{z_i z_i(t)} \tag{2.103}$$

相对扩散系数为

$$E_r = \frac{1}{2} \frac{dS^2}{dt} \tag{2.104}$$

相对扩散速度（又称分离速度）v_r 为

$$v_r = \frac{d}{dt} \sqrt{S^2 - S_0^2} \tag{2.105}$$

式中：S_0^2 为当 $t = t_0$ 时的初始分离均方差，S_0 称为初始分离。

由于一对质点的行为依赖于时间和初始分离，故可以将 E_r 表示为

$$E_r(S_0, t) = \frac{1}{2} \frac{dS^2}{dt} = z_i(S_0, t) \frac{d}{dt} z_i(S_0, t) = \overline{z_i(S_0, t) w_i(S_0, t)}$$

利用式（2.102），并注意到 $\overline{w_i(S_0, t)} = 0$，则

$$E_r(S_0, t) = \int_0^t \overline{w_i(S_0, t) w_i(S_0, t - \tau)} d\tau \tag{2.106}$$

从而得

$$S^2 = S_0^2 + \int_0^t 2 E_r(S_0, t') dt' = S_0^2 + 2 \int_0^t dt' \int_0^{t'} \overline{w_i(S_0, t') w_i(S_0, t' - \tau)} d\tau \tag{2.107}$$

$$v_r = \frac{d}{dt} \sqrt{S^2 - S_0^2} = \frac{d}{dt} \left[2 \int_0^t dt' \int_0^{t'} \overline{w_i(S_0, t') w_i(S_0, t' - \tau)} d\tau \right]^{1/2} \tag{2.108}$$

式（2.106）～式（2.108）是分析两质点相对扩散的基本方程。以下按扩散时间 t 的长短分别进行分析。

1. 扩散时间 t 很短

可以认为质点流速保持在 t_0 时的值不变，因而相对速度 $w_i(S_0, t) \approx w_i(S_0, 0)$。所以出现式（2.88）～式（2.90）中的速度差的相关值是常数，并等于 $w_i(S_0, 0) \ w_i(S_0, 0)$，从而分别由式（2.88）～式（2.90）得到

$$E_r(S_0, t) = \overline{w_i(S_0, t) w_i(S_0, t)} t = K_1 t \tag{2.109}$$

$$S^2(S_0, t) = S_0^2 + \overline{w_i(S_0, t) w_i(S_0, t)} t^2 = S_0^2 + K_1 t^2 \tag{2.110}$$

$$v_r = \frac{d}{dt} \sqrt{S^2 - S_0^2} = \left[\overline{w_i(S_0, t) w_i(S_0, t)} \right]^{1/2} = \sqrt{K_1} \tag{2.111}$$

式中：K_1 为分离常数，它与初始分离 S_0 的大小有关：

（1）当 $S_0 < \eta = \left(\frac{v^3}{\varepsilon} \right)^{1/4}$ 时，位于耗散区，紊动有 S_0，v 和 ε 确定。若假定为局部各项同性，便可以推求得 $K_1 = \dfrac{\varepsilon S_0^2}{3v}$。

（2）当 $S_0 \gg \eta$ 时，位于惯性小区，紊动有 S_0 和 ε 确定。若假定为局部各项同性，便可以推求得 $K_1 \approx 8.25 (\varepsilon S_0^2)$。

2. 扩散时间 t 适中

此时相对速度 $w_i(S_0, t)$ 已经与时间有关，但初始分离 S_0 的影响仍然可以忽略。当进一步假定相对扩散仍由惯性小区确定时，紊动则仅由 ε 确定。有量纲分析有

$$\overline{w_i(t) w_i(t)} = K_2 \varepsilon t$$

式中：K_2 为相对扩散常数。

相对扩散系数由 ε 和 t 确定，故必有

$$E_r(t) = K_2 \varepsilon t^2 \tag{2.112}$$

将式（2.88）代入式（2.89）并忽略 S_0，便得

$$S^2(t) = 2 \int_0^t E_r(t') \, \mathrm{d}t' = \frac{2}{3} K_2 \varepsilon t^3 \tag{2.113}$$

$$v_r = \frac{\mathrm{d}}{\mathrm{d}t} \sqrt{S^2(t)} = \sqrt{\frac{2}{3} K_2 \varepsilon t} \tag{2.114}$$

从式（2.95）和式（2.97）中消去 t，就得到理查逊（Richardaon）的相对散定律

$$E_r(s) = \left(\frac{9}{4} K_2 \varepsilon \right)^{1/3} (s^2)^{2/3} \tag{2.115}$$

这个定律表明，对于中等扩散时间，相对扩散系数与两质点的距离 s 的 4/3 次方成正比，故也称该式为 4/3 次方律。

3. 扩散时间 t 很长

此时两质点的分离距离变得比大涡还大，其相对行为互不相关。于是式（2.103）中的 S^2 可以用单个质点位移方差 y_i 表示如下：

$$S^2(t) = \overline{z_i z_i(t)} = \overline{[(y_i)_\beta - (y_i)_\alpha][(y_i)_\beta - (y_i)_\alpha]} = 2 \overline{y_i y_i} \tag{2.116}$$

相对扩散系数为

$$E_r = \frac{1}{2} \frac{\mathrm{d}S^2}{\mathrm{d}t} = 2 \overline{y_i v_i} \tag{2.117}$$

由此可知，E_r 成为与时间无关的常数，此时的分离方差为

$$S^2 = 2E_r t$$

称为菲克型扩散。相应有分离速度：

$$v_r = \frac{\mathrm{d}}{\mathrm{d}t} \sqrt{S^2(t)} = \sqrt{\frac{E_r}{2t}} \tag{2.118}$$

综上所述，从 $t=0$ 算起的分离速度（相对扩散速度 v_r）$\mathrm{d}s/\mathrm{d}t$ 首先保持常数，然后在中间扩散时间过程中按 $t^{1/2}$ 增加，最后在通过最大值后又按 $t^{-1/2}$ 下降。从物理观点来看，这种配对质点间距 S 的加速行为是由尺寸小于 S 的那些涡来确定的，较大的涡仅引起质点间的迂回漫动，当扩散继续时，更多和更大的涡会影响质点间距的发展。

2.6.3　紊动扩散的欧拉法

2.6.3.1　紊动扩散方程和扩散系数

在建立分子扩散偏微分方程式（2.3）的过程中，就其分析方法而言，实质上是采用了欧拉法，即对流场中的给定微小空间考察各种物理量的变化，从"场"的角度来分析问题，得出微分方程式。从分子扩散偏微分方程式（2.3）到随流扩散方程式（2.55），分析方法仍然是欧拉法。现在我们将以方程式（2.55）作为基础，采用欧拉法建立紊动扩散方程。

设 C 为流场中某给定空间点（x, y, z）在时刻 t 示踪质（或扩散质）的浓度；按欧拉法的观点，这个浓度不仅是时间的函数，而且还是空间点位置的函数，即 $C = C$（$x, y,$

z,t)。在紊流中除了空间点流速有脉动现象之外，空间点的扩散质浓度也有脉动现象。设 u_x、u_y、u_z 分别是流速在直角坐标 3 个方向上的分量。该空间点上流速和浓度的瞬时值均可写成时均值和脉动值之和，即

$$C = \overline{C} + C'; \quad u_x = \overline{u}_x + u_x'$$
$$u_y = \overline{u}_y + u_y'; \quad u_z = \overline{u}_z + u_z' \tag{2.119}$$

式中：右边第一项为各量的时均值，第二项为脉动值。将式（2.119）代入式（2.55），把各项展开并对时间取平均得

$$\frac{\partial \overline{C}}{\partial t} + \frac{\partial(\overline{C}\,\overline{u}_x)}{\partial x} + \frac{\partial(\overline{C}\,\overline{u}_y)}{\partial y} + \frac{\partial(\overline{C}\,\overline{u}_z)}{\partial z} = -\frac{\partial}{\partial x}(\overline{u_x'C'}) - \frac{\partial}{\partial y}(\overline{u_y'C'}) - \frac{\partial}{\partial z}(\overline{u_z'C'})$$
$$+ D\left(\frac{\partial^2 \overline{C}}{\partial x^2} + \frac{\partial^2 \overline{C}}{\partial y^2} + \frac{\partial^2 \overline{C}}{\partial z^2}\right) \tag{2.120}$$

将等号左边后三项展开后，得

$$\frac{\partial \overline{C}}{\partial t} + \overline{u}_x\,\frac{\partial \overline{C}}{\partial x} + \overline{u}_y\,\frac{\partial \overline{C}}{\partial y} + \overline{u}_z\,\frac{\partial \overline{C}}{\partial z} + \overline{C}\left(\frac{\partial \overline{u}_x}{\partial x} + \frac{\partial \overline{u}_y}{\partial y} + \frac{\partial \overline{u}_z}{\partial z}\right)$$
$$= -\frac{\partial}{\partial x}(\overline{u_x'C'}) - \frac{\partial}{\partial y}(\overline{u_y'C'}) - \frac{\partial}{\partial z}(\overline{u_z'C'}) + D\left(\frac{\partial^2 \overline{C}}{\partial x^2} + \frac{\partial^2 \overline{C}}{\partial y^2} + \frac{\partial^2 \overline{C}}{\partial z^2}\right) \tag{2.121}$$

应用水流连续性方程

$$\frac{\partial \overline{u}_x}{\partial x} + \frac{\partial \overline{u}_y}{\partial y} + \frac{\partial \overline{u}_z}{\partial z} = 0$$

上述方程变为

$$\frac{\partial \overline{C}}{\partial t} + \overline{u}_x\,\frac{\partial \overline{C}}{\partial x} + \overline{u}_y\,\frac{\partial \overline{C}}{\partial y} + \overline{u}_z\,\frac{\partial \overline{C}}{\partial z} = -\frac{\partial}{\partial x}(\overline{u_x'C'}) - \frac{\partial}{\partial y}(\overline{u_y'C'}) - \frac{\partial}{\partial z}(\overline{u_z'C'})$$
$$+ D\left(\frac{\partial^2 \overline{C}}{\partial x^2} + \frac{\partial^2 \overline{C}}{\partial y^2} + \frac{\partial^2 \overline{C}}{\partial z^2}\right) \tag{2.122}$$

上述等式左边的后三项是平均流速（这里不仅指的是时均，而且还是空间平均）所产生的随流扩散项；上式右边的前三项是由脉动引起的紊动扩散项，与式（2.55）相比正是多出了这三项。$\overline{u_x'C'}$ 项的物理意义是紊流中通过正交于 x 轴的单位面积上在单位时间内质量传输的紊动扩散通量，其他两项分别指正交于 y 轴和 z 轴的单位面积单位时间内质量传输的紊动扩散通量。比拟分子扩散的菲克公式，3 个方向的脉动扩散通量可表示为

$$\left.\begin{array}{l} \overline{u_x'C'} = -E_x\,\dfrac{\partial \overline{C}}{\partial x} \\[2mm] \overline{u_y'C'} = -E_y\,\dfrac{\partial \overline{C}}{\partial y} \\[2mm] \overline{u_z'C'} = -E_z\,\dfrac{\partial \overline{C}}{\partial z} \end{array}\right\} \tag{2.123}$$

式中：E_x、E_y、E_z 为三个方向上的紊动扩散系教，它与流动状态和紊流结构有关，一般地说，它在不同的空间位置和不同方向上的值是不相同的。

而分子扩散系数 D 是流体和扩散质固有的物理属性，它与流动状态无关。由于紊动的尺度远大于分子运动的尺度，所以紊动扩散系数 E 远大于分子扩散系数 D 除紧靠壁面

的黏性底层外，分子扩散项一般可以忽略。将式（2.123）代入式（2.122）并忽略分子扩散，则得紊动扩散微分方程为

$$\frac{\partial \overline{C}}{\partial t} + \overline{u}_x \frac{\partial \overline{C}}{\partial x} + \overline{u}_y \frac{\partial \overline{C}}{\partial y} + \overline{u}_z \frac{\partial \overline{C}}{\partial y} = E_x \frac{\partial^2 \overline{C}}{\partial x^2} + E_y \frac{\partial^2 \overline{C}}{\partial y^2} + E_z \frac{\partial^2 \overline{C}}{\partial z^2} \qquad (2.124)$$

方程式（2.124）是用欧拉法分析扩散的基础，引入菲克定律所确定的关系式，是一种类比的形式，只是经验性的，紊动扩散项及扩散系数尚未从理论上加以解决。巴切勒 1949 年提出了解决这个问题的途径，他认为示踪质的扩散过程是独立的，与其周围的其他示踪质的存在没有关系，由此得出：一个质点从原来位置经历某时段扩散到流场中某给定点的概率，就代表该点的扩散质浓度的统计平均值，但是，因为概率密度函数在实用上很难求得，因此只有从位移的正态分布来推求扩散系数，从巴切勒的前提中可发现这个结论主要适用于扩散历时很长的情况。同时，巴切勒还进一步论证在恒定各向同性均匀紊流中，当扩散时间 t 大于拉格朗日积分时间比尺 T_L 时，紊动扩散系数 E 是一个常数。

2.6.3.2　雷诺类比

雷诺（O. Reynolds）于 1874 年提出了著名的类比来说明热量传递与动量传递之间的相似关系，后来又被推广到质量传递中去。

通常称内容不同而数学表达式相同的物理现象为类似现象，这些类似现象在相同运动状态和边界条件下可以进行类比。雷诺首先指出动量传递和热量传递由两种因素引起：其一是分子扩散（流体的固有属性）；其二是紊动扩散（流动的现场特性）。由动量传递而产生的总切应力可表示如下：

$$\tau = -(v + E_M) \frac{\mathrm{d}(\rho \overline{u})}{\mathrm{d} y} \qquad (2.125)$$

式中：v 为运动黏性系数；E_M 为动量的紊动扩散系数（又称紊动运动黏性系数）。

分子传热和紊动传热迭加的传热总热通量式可写为

$$J = -\rho C_p (\alpha + E_H) \frac{\mathrm{d} \overline{T}}{\mathrm{d} y} \qquad (2.126)$$

式中：α 为导温系数；E_H 为热量的紊动扩散系数；$\overline{T}$ 为时均温度；C_p 为定压比热。

考虑到分子扩散和紊动扩散的迭加，总的质量通量 q 可写为

$$q = -(D + E) \frac{\mathrm{d} \overline{C}}{\mathrm{d} y} \qquad (2.127)$$

式中：D 为分子扩散系数；E 为质量的紊动扩散系数（又简称为紊动扩散系数）；$\overline{C}$ 为时均浓度。

上述 3 个等式右边的小括号内的第一个系数是由分子扩散引起的；第二个系数是由紊动扩散引起的，它们都具有相同的量纲．利用这些系数可组成如下的无量纲数：

$$P_r = \frac{v}{\alpha}, \quad P_{rt} = \frac{E_M}{E_H} \qquad (2.128)$$

$$S_c = \frac{v}{D}, \quad S_{ct} = \frac{E_M}{E} \qquad (2.129)$$

式中：P_r、P_{rt}分别为普朗特（Prandtl）数和紊动普朗特数；S_c、S_{ct}分别为施米特（Schmidt）数和紊动施米特效。

显然，P_r和S_c是反映流体固有物理属性的无量纲数，它们主要和温度有关，空气的P_r为0.7左右；水的P_r约在1～10之间变化。如果普朗数为1，则热量与动量以相同的速率通过流体扩散；如果普朗特数大于1，必然导致速度剖面比温度剖面发展得更快。紊动扩散中，如果扩散质在质点间没有任何转化（只是位置的改变），质点所携带的动量、热量和质量保持不变，那么在这个前提下，不论是哪种扩散质，扩散系数都应该是相等的。这种认为动量的扩散和热量、扩散质浓度等扩散之间存在完全的类比关系，其紊动扩散系数都应该是相等的假说，称为雷诺类比。实际上，流体质点携带的扩散量（动量、热量和质量）在运动过程中保持不变的程度，对于不同的扩散量是不一样的。因此严格地说，对于不同的扩散量其扩散系数是有差异的。但已有的实验证明：在一定的紊流状态中，它们（E_M、E_H、E）之间近似相等或保持着一定的比例关系。雷诺类比是对很复杂过程的一种相当大的简化。我们可以按$\overline{u'C'}$直接计算紊动扩散系数，也可以用雷诺类比来寻求紊动扩散系数与紊动运动黏性系数的关系。显然，后一种方法在实用上更具有吸引力。

2.6.4 紊动扩散方程的某些解答

欧拉型紊动扩散方程式（2.124）是一个二阶偏微分方程，加上影响紊动扩散系数的因素又很复杂，所以求该方程的普遍解是很困难的。因此，用解析法求解是针对简化了的情况进行的。这里就流动是一维均匀流（即u_x＝常数，u_y＝u_z＝0）和紊动是三维的情况，并认为紊动扩散系数为常数，在较简单的定解条件下给出解答。于是，式（2.124）变为

$$\frac{\partial \overline{C}}{\partial t} + \overline{u}_x \frac{\partial \overline{C}}{\partial x} = E_x \frac{\partial^2 \overline{C}}{\partial x^2} + E_y \frac{\partial^2 \overline{C}}{\partial y^2} + E_z \frac{\partial^2 \overline{C}}{\partial z^2} \tag{2.130}$$

建立匀速直线移动的动坐标$\xi = x - \overline{u}_x t$，运用微分连锁法则，可把式（2.130）改写为

$$\frac{\partial \overline{C}}{\partial t} = E_x \frac{\partial^2 \overline{C}}{\partial \xi^2} + E_y \frac{\partial^2 \overline{C}}{\partial y^2} + E_z \frac{\partial^2 \overline{C}}{\partial z^2} \tag{2.131}$$

在$\overline{u}_x$、E_x、E_y、E_z分别为常数的情况下，完全可以借用第2章给出的解答式，只需把分子扩散系数换成相应的紊动扩散系数，下面列举一些典型情况的解答式。

（1）无限边界瞬时点源情况，有解式：

$$\overline{C}(x,y,z,t) = \frac{M}{[(4\pi t)^3 (E_x E_y E_z)]^{1/2}} \exp\left[-\frac{(x - \overline{u}_x t)^2}{4E_x t} - \frac{y^2}{4E_y t} - \frac{z^2}{4E_z t} \right]$$

$$\tag{2.132}$$

（2）无限长瞬时线源情况，有解式：

$$\overline{C}(x,y,t) = \frac{m_1}{4\pi t (E_x E_y)^{1/2}} \exp\left[-\frac{(x - \overline{u}_x t)^2}{4E_x t} - \frac{y^2}{4E_y t} \right] \tag{2.133}$$

式中：m_1为z轴单位长度上瞬时投放示踪质的质量。

（3）无限大瞬时平面源情况，有解式：

$$\overline{C}(x,t) = \frac{\mu}{(4\pi t E_x)^{1/2}} \exp\left[-\frac{(x-\overline{u}_x t)^2}{4E_x t}\right] \tag{2.134}$$

式中：μ 为 yz 平面单位面积上瞬时投放示踪质的质量。

（4）无限边界时间连续点源稳态情况，在经历较长时间，即 $t \gg 2E_x/\overline{u}_x^2$ 以后，紊动扩散云团满足正态分布，扩散趋于稳态，可参照式（2.77）写出符合本情况的解式：

$$\overline{C}(x,y,z) = \frac{\dot{M}}{4\pi x E_x} \exp\left[-\frac{(y^2+z^2)\overline{u}_x}{4xE_x}\right] \tag{2.135}$$

式中：$\dot{M}$ 为在坐标原点单位时间投放示踪质的质量。

第3章 剪切流的分散

3.1 剪切分散的概念及分散方程

3.1.1 剪切分散的概念

在上一章中，我们提及流场的流速时，总要声明所谓平均流速不仅指的是时间平均，而且还是空间平均，但是，在大多数的实际流动中，流速沿断面具有梯度，即流速沿横断面上的分布往往是不均匀的。如果流体的流动方向是 x 坐标方向，那么在一般情况下，该流速在同一过水断面上不同的 y、z 坐标上其大小也是有变化的，即所谓剪切流动，这就带来一个问题：即使是恒定紊流，脉动流速也会引起扩散质的紊动扩散，那么流速在空间分布上的不均匀会带来什么呢？最早研究此问题的著名学者是英国的泰勒（Taylor），他于 1921 年建立了紊动扩散的基础，又于 1953 年提出了剪切流动的分散或离散问题。

在河渠或管道中，横断面上流速分布存在不均匀时，即使示踪质在断面上均匀地投入，这些示踪质将随断面上不同的质点以不同的流速移动。这些流体质点将沿流动的纵向分离开来，这就导致示踪质在纵向有显著的分离，与此同时，纵向的分离也会在横向形成浓度梯度，而横向的紊动扩散和分子扩散将使断面上的浓度变得均匀，这又进一步遏制了纵向分散的发展。这种由非均匀流速分布作用而引起的示踪质的分散，定义为剪切流的纵向分散。因为在绝大多数的剪切紊流中，流场任意空间点的时均流速值比其脉动流速的绝对值要大出至少一个数量级，所以示踪质的纵向分散作用远大于单独的紊动扩散作用。这就是说，紊动扩散远大于分子扩散，而纵向分散又远大于紊动扩散。

流动可能是三维的，因此分散也可能是三维的，但是三维分散问题相当复杂，本章只讨论一维分散问题。剪切流可能是层流也可能是紊流，本章从较简单的剪切层流开始，再讨论剪切紊流分散问题。

3.1.2 一维纵向分散方程

为了研究分散问题，需要建立一维纵向分散方程。像建立分子扩散方程一样，这里也运用质量守恒定律来建立。在图 3.1 所示的一维水流中取一微分流段进行分析，设过水断面的面积为 A，通过过水断面的随流扩散通量（单位时间通过单位面积的污染物质质量）的时均值为 $\overline{uC}$，其中 u 和 C 分别为断面上任一点的瞬时流速和瞬时浓度，则在 dt 时段内流入与流出该微分流段的污染物质质量之差为

$$\int_A \overline{uC}\,dA\,dt - \left(\int_A \overline{uC}\,dA + \frac{\partial}{\partial x}\int_A \overline{uC}\,dA\,dx\right)dt = -\frac{\partial}{\partial x}\int_A \overline{uC}\,dA\,dx\,dt$$

根据质量守恒定律，在 dt 时段内上述质量差值应与微分流段内示踪物质的增量相等，即

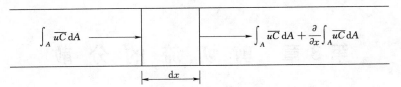

图 3.1　一维纵向分散示意图

$$-\frac{\partial}{\partial x}\int_A \overline{uC}\,\mathrm{d}A\,\mathrm{d}x\,\mathrm{d}t = \frac{\partial}{\partial t}(C_m A\,\mathrm{d}x)\,\mathrm{d}t$$

式中：C_m 为断面平均浓度。上式可以简化为

$$\frac{\partial(C_m A)}{\partial t} = -\frac{\partial}{\partial x}\int_A \overline{uC}\,\mathrm{d}A \tag{3.1}$$

对于紊流，任一点的瞬时流速 u 和瞬时浓度 C 可以分别表达为

$$u = \overline{u} + u' = V + u_b + u' \tag{3.2}$$

$$C = \overline{C} + C' = C_m + C_b + C' \tag{3.3}$$

式中：V 为断面平均流速；u_b 为某点时均流速与断面平均流速的差值简称偏离流速，即 $u_b = \overline{u} - V$；u' 为脉动流速；C_b 为某点时均浓度与断面平均浓度的差值简称偏离浓度，即 $C_b = \overline{C} - C_m$；C' 为脉动浓度。

根据式（3.2）和式（3.3）有

$$\overline{uC} = \overline{(V + u_b + u')(C_m + C_b + C')}$$

$$= (V + u_b)(C_m + C_b) + \overline{u'C'} \tag{3.4}$$

再将 $\overline{uC}$ 对断面 A 平均，并以符号 $\langle\cdots\rangle$ 表示取断面平均值，即

$$\langle\cdots\rangle = \frac{1}{A}\int_A \langle\cdots\rangle\,\mathrm{d}A$$

则 $\langle u_b\rangle = 0$，$\langle C_b\rangle = 0$，便有

$$\frac{1}{A}\int_A \overline{uC}\,\mathrm{d}A = \langle(V + u_b)(C_m + C_b) + \overline{u'C'}\rangle$$

$$= VC_m + \langle u_b C_b\rangle + \langle\overline{u'C'}\rangle \tag{3.5}$$

将式（3.5）代入式（3.1）得

$$\frac{\partial(C_m A)}{\partial t} = -\frac{\partial}{\partial x}\left[AVC_m + A(\langle u_b C_b\rangle + \overline{\langle u'C'\rangle})\right]$$

将上式展开有

$$A\frac{\partial C_m}{\partial t} + C_m\frac{\partial A}{\partial t} = -C_m\frac{\partial AV}{\partial x} - AV\frac{\partial C_m}{\partial x} - \frac{\partial}{\partial x}\left[A(\langle u_b C_b\rangle + \overline{\langle u'C'\rangle})\right] \tag{3.6}$$

根据一维非恒定流连续性方程

$$\frac{\partial A}{\partial t} + \frac{\partial(AV)}{\partial x} = 0 \tag{3.7}$$

式（3.6）简化为

$$\frac{\partial C_m}{\partial t} + V\frac{\partial C_m}{\partial x} = -\frac{1}{A}\frac{\partial}{\partial x}\left[A(\langle u_b C_b\rangle + \overline{\langle u'C'\rangle})\right] \tag{3.8}$$

式（3.8）中右端括号中第一项是由于时均流速和时均浓度在断面上分布不均匀而导致的分散通量；第二项是由于紊流的脉动而导致的扩散通量。为了使式（3.8）只包含一个未知函数 C_m，需要对这两项采用经验模式进行处理。

比拟分子扩散的菲克公式，参照紊动扩散的模式（2.121），令

$$\overline{\langle u'C' \rangle} = -E_x \frac{\partial C_m}{\partial x} \tag{3.9}$$

式中：E_x 为纵向紊动扩散系数。

仿照式（3.9），也可令

$$\langle u_b C_b \rangle = -K \frac{\partial C_m}{\partial x} \tag{3.10}$$

式中：K 为纵向分散系数。

将式（3.9）和式（3.10）代入式（3.8），得

$$\frac{\partial C_m}{\partial t} + V \frac{\partial C_m}{\partial x} = \frac{1}{A} \frac{\partial}{\partial x} \left[A(E_x + K) \frac{\partial C_m}{\partial x} \right] \tag{3.11}$$

式（3.11）就是一维纵向分散方程。也可以将 E_x 和 K 合并为一个系数 K，因为 E_x 值远小于 K，便有

$$D_m = E_x + K$$

式中：D_m 称为综合扩散系数。于是式（3.11）变为

$$\frac{\partial C_m}{\partial t} + V \frac{\partial C_m}{\partial x} = \frac{1}{A} \frac{\partial}{\partial x} \left[A D_m \frac{\partial C_m}{\partial x} \right] \tag{3.12}$$

当过水断面为常数（均匀流）时，式（3.12）简化为

$$\frac{\partial C_m}{\partial t} + V \frac{\partial C_m}{\partial x} = D_m \frac{\partial^2 C_m}{\partial x^2} \tag{3.13}$$

式（3.13）是一维纵向分散方程的常用形式。

对于层流，除没有脉动值之外，其他分析方法均与上述相同，只是 E_x 应改为分子扩散系数 D，有 $D_m = D + K$，式（3.12）和式（3.13）仍然适用。

应该注意到，式（3.13）与前述随流扩散方程式（2.58）在数学形式上是相同的，所以一维随流扩散方程的解析解可以移用于一维纵向分散方程求解。因此，求解一维纵向分散问题的关键是确定纵向分散系数 K 值。为此要研究 K 值的基本计算问题。

由于纵向分散作用，在单位时间内通过过水断面面积 A 的示踪物质质量可以表示为

$$M = \int_A u_b C_b \, dA \tag{3.14}$$

也可以采用菲克定律的形式，将 M 表示为

$$M = -AK \frac{\partial C_m}{\partial x} \tag{3.15}$$

联立上述两式，得 K 值的基本计算公式

$$K = -\frac{1}{A \frac{\partial C_m}{\partial x}} \int_A u_b C_b \, dA \tag{3.16}$$

3.2 剪切层流的分散

这一节开始将进一步研究不同边界形状下的分散问题，从而得到 K 值计算式。

3.2.1 圆管层流的纵向分散

泰勒于 1953 年在研究圆管层流的纵向分散时，设圆管足够长，在经历较长时间后示踪质在纵向分布的方差与时间呈线性关系，并认为浓度在断面上是轴对称分布。对于圆管流采用圆柱坐标更方便，前述曾给出圆柱坐标下的随流扩散方程式（2.59）。对于本问题有 $u_r = u_\theta = 0$；$\partial^2 C / \partial \theta^2 = 0$；因为纵向分子扩散项 $D\,\dfrac{\partial^2 C}{\partial x^2}$ 比纵向随流项 $u_x\,\dfrac{\partial C}{\partial x}$ 小得多，故可以忽略纵向分子扩散项，于是对于时间平均问题式（2.59）可简化为

$$\frac{\partial \overline{C}}{\partial t} + \overline{u}\,\frac{\partial \overline{C}}{\partial x} = \frac{D}{r}\,\frac{\partial}{\partial r}\left(r\,\frac{\partial \overline{C}}{\partial r}\right) \tag{3.17}$$

以 $\overline{u} = V + u_b$ 和 $\overline{C} = C_m + C_b$ 代入式（3.17），有

$$\frac{\partial}{\partial t}(C_m + C_b) + (V + u_b)\,\frac{\partial}{\partial x}(C_m + C_b) = \frac{D}{r}\,\frac{\partial}{\partial r}\left[r\,\frac{\partial(C_m + C_b)}{\partial r}\right]$$

取坐标变换 $\xi = x - Vt$，则有

$$\left.\begin{array}{l} \dfrac{\partial}{\partial t} = -V\,\dfrac{\partial}{\partial \xi} \\[2mm] \dfrac{\partial}{\partial x} = \dfrac{\partial}{\partial \xi} \end{array}\right\} \tag{3.18}$$

因为 $\dfrac{\partial C_m}{\partial r} = 0$，所以原式变为

$$u_b\,\frac{\partial C_b}{\partial \xi} + u_b\,\frac{\partial C_m}{\partial \xi} = \frac{D}{r}\,\frac{\partial}{\partial r}\left(r\,\frac{\partial C_b}{\partial r}\right) \tag{3.19}$$

当扩散（即使是瞬时源）经历足够长的时间之后，C_b 随动坐标 ξ 的变化很小，可以近似认为 $\dfrac{\partial C_b}{\partial \xi} \approx 0$，于是上式简化为

$$u_b\,\frac{\partial C_m}{\partial \xi} = \frac{D}{r}\,\frac{\partial}{\partial r}\left(r\,\frac{\partial C_b}{\partial r}\right) \tag{3.20}$$

为什么式（3.20）能够成立呢？泰勒曾经从物理意义上加以解释，他认为圆管层流的扩散有两个因素在起作用：一是断面上纵向流速分布不均匀致使示踪物质纵向分散；二是由于径向浓度梯度的存在而导致示踪物质有径向的分子扩散。在扩散初期，纵向分散的作用比径向分子扩散的作用大得多；继后随着纵向浓度梯度的减小而使纵向分散的作用渐渐减弱；但因为纵向分散维持着径向的浓度梯度，从而使径向的分子扩散作用能够始终保持。这样当扩散经历足够长的时间之后，$\partial C_b / \partial \xi$ 的值近似为 0，这两种作用近似平衡，式（3.20）就是这两种作用达到平衡时的表示式。

将式（3.20）进行第一次积分（其中将 $\dfrac{\partial}{\partial \xi}$ 写回 $\dfrac{\partial}{\partial x}$），得

$$\frac{\partial C_b}{\partial r} = \frac{1}{Dr} \frac{\partial C_m}{\partial x} \int_0^r r u_b \mathrm{d}r \tag{3.21}$$

上式满足边界条件：当 $r = a$（a 为圆管半径）时，$\partial C_b / \partial r = 0$。再将式（3.21）积分，得

$$C_b(r) = \int_0^r \frac{\partial C_b}{\partial r} \mathrm{d}r = \frac{1}{D} \frac{\partial C_m}{\partial x} \int_0^r \left(\frac{1}{r} \int_0^r r u_b \mathrm{d}r \right) \mathrm{d}r \tag{3.22}$$

根据式（3.16），对圆管水流有分散系数

$$K = -\frac{2}{a^2 \dfrac{\partial C_m}{\partial x}} \int_0^a u_b C_b r \mathrm{d}r \tag{3.23}$$

由此可见，若已知偏离流速 u_b，便可以由式（3.22）求得 C_b，然后将它代入式（3.23）即可求出 K 值。在这个计算过程中，$\partial C_m / \partial x$ 将会被消去。

已知圆管层流的流速分布为

$$u(r) = u_0 \left(1 - \frac{r^2}{a^2} \right) \tag{3.24}$$

式中：u_0 为断面中点的流速（即最大流速）。要求确定 K 值。

根据式（3.24），可以求得断面平均流速

$$V = \frac{1}{A} \int_A u \mathrm{d}A = \frac{2u_0}{a^2} \int_0^a \left(1 - \frac{r^2}{a^2} \right) r \mathrm{d}r = \frac{u_0}{2}$$

偏离流速

$$u_b = u - V = u_0 \left(\frac{1}{2} - \frac{r^2}{a^2} \right) \tag{3.25}$$

将式（3.25）代入式（3.21），得

$$\frac{\partial C_b}{\partial r} = \frac{u_0}{Dr} \frac{\partial C_m}{\partial x} \int_0^r \left(\frac{1}{2} - \frac{r^2}{a^2} \right) \mathrm{d}r = \frac{u_0}{Dr} \frac{\partial C_m}{\partial x} \left(\frac{r}{4} - \frac{r^3}{4a^2} \right) \tag{3.26}$$

上式符合 $r = a$，$\partial C_b / \partial r = 0$ 的条件。再将上式的结果代入式（3.22），得

$$C_b(r) = \frac{u_0}{D} \frac{\partial C_m}{\partial x} \int_0^r \left(\frac{r}{4} - \frac{r^3}{4a^2} \right) \mathrm{d}r = \frac{u_0}{D} \frac{\partial C_m}{\partial x} \left(\frac{r^2}{8} - \frac{r^4}{16a^2} \right) \tag{3.27}$$

将式（3.25）和式（3.27）代入式（2.23），可得圆管层流均匀流的纵向分散系数

$$K = \frac{a^2 u_0^2}{192D} \tag{3.28}$$

3.2.2 双层二维明槽层流的分散

徐孝平（1992）研究了双层二维明槽层流的分散。设角 θ 是槽底与水平面的夹角；从槽底起算的 y 值表示各层的层面标高，下层层面水位标高为 h_1，上层自由液面标高为 h_2；下层流体密度和运动黏性系数分别为 ρ_1 和 ν_1，上层流体的密度和运动黏性系数分别为 ρ_2 和 ν_2。把泰勒处理推广到这种流动情况，得下层和上层的纵向分散系数 K_1 和 K_2：

$$K_1 = \frac{U^2 h_1^2}{D} \left(\frac{H^2}{120} + \frac{H}{120} + \frac{2}{945} \right) \tag{3.29}$$

$$K_2 = \frac{\nu_1^2 U^2 h_1^2}{7560 \nu_2^2 D} (16\lambda^6 - 96\lambda^5 + 240\lambda^4 - 110\lambda^3 + 240\lambda^2 - 411\lambda + 121) \qquad (3.30)$$

式中：表观流速 $U = \dfrac{g h_1^2 \sin\theta}{\nu_1}$；$\lambda = h_2/h_1$；$H = (\lambda - 1)\eta$；$\eta = \rho_2/\rho_1$

3.3 剪 切 紊 流 的 分 散

3.3.1 圆管紊流的纵向分散

与圆管层流情形相比拟，对圆管紊流均匀流也可以推导类似于式（3.20）～式（3.22）的 3 个公式，不同的只是将其中的分子扩散系数 D 代换为径向紊动扩散系数 E_r，故有

$$u_b \frac{\partial C_m}{\partial \xi} = \frac{E_r}{r} \frac{\partial}{\partial r} \left(r \frac{\partial C_b}{\partial r} \right) \qquad (3.31)$$

$$\frac{\partial C_b}{\partial r} = \frac{1}{E_r r} \frac{\partial C_m}{\partial x} \int_0^r r u_b \, dr \qquad (3.32)$$

$$C_b(r) = \int_0^r \frac{\partial C_b}{\partial r} dr = \frac{1}{E_r} \frac{\partial C_m}{\partial x} \int_0^r \left(\frac{1}{r} \int_0^r r u_b \, dr \right) dr \qquad (3.33)$$

式（3.32）的边界条件与前述相同。求 K 值的式（3.23）在紊流状态下当然也适用。

对式（3.31）的解释与对式（3.30）的解释相似，式（3.21）表达了当扩散经历了一定时间之后，纵向分散作用与径向的紊动扩散作用相平衡，C_b 的浓度场便达到稳定。

泰勒使用的圆管紊流的流速分布为

$$u(r) = u_0 - u * f(\eta) \qquad (3.34)$$

式中：$f(\eta)$ 为经验函数，如图 3.2 所示，其中 $\eta = r/a$；$u*$ 为剪切流速，$u* = \sqrt{\tau_0/\rho}$，τ_0 为管壁切应力，ρ 为水的密度；u_0 为断面上的最大流速。

断面平均流速为

$$V = \frac{1}{\pi a^2} \int_0^a u 2\pi r \, dr = 2 \int_0^1 u \eta \, d\eta$$

将式（3.34）代入上式，有

$$V = 2 \int_0^1 [u_0 - u * f(\eta)] \eta \, d\eta = u_0 - 2u * \int_0^1 \eta f(\eta) \, d\eta$$

利用图 3.2 给出的 $f(\eta)$ 曲线，对上式中的积分进行数值积分，可得

$$V = u_0 - 4.25u * \qquad (3.35)$$

继有

$$u_b = u - V = u * [4.25 - f(\eta)] \qquad (3.36)$$

根据水流内部纵向切应力 τ 的定义及雷诺比拟（径向紊动扩散系数 E_r 与动量扩散系数 ε 相等），有

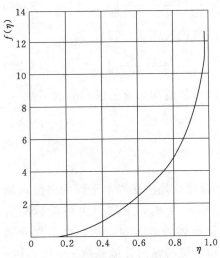

图 3.2　圆管均匀流紊流的
流速分布函数图

切应力

$$\tau = -\varepsilon\rho\frac{du}{dr} = -E_r\rho\frac{du}{dr} \tag{3.37}$$

通常在圆管均匀流中，有

$$\frac{\tau}{\tau_0} = \frac{r}{a} \quad 或 \quad \tau = \frac{r}{a}\tau_0 \tag{3.38}$$

由式（3.37）和式（3.38），得

$$E_r = -\frac{r\tau_0}{a\rho\frac{du}{dr}} = -\frac{ru*^2}{a\frac{du}{dr}} \tag{3.39}$$

由式（3.34）有

$$\frac{du}{dr} = -\frac{u*}{a}\frac{df(\eta)}{d\eta} \tag{3.40}$$

将式（3.40）代入式（3.39），可得

$$E_r = \frac{au*\eta}{\frac{df(\eta)}{d\eta}} \tag{3.41}$$

有了式（3.36）和式（3.41）便有了计算 K 值的条件。通过数值积分在式（3.33）中计算 C_b，继而对式（3.23）进行数值积分计算得到圆管紊流的纵向分散系数为

$$K = 10.06au* \tag{3.42}$$

以上在推证中未考虑纵向紊动扩散。根据泰勒求得的纵向紊动扩散系数为

$$E_x = 0.05au* \tag{3.43}$$

如果将纵向分散系数和纵向紊动扩散系数同时计入，综合扩散系数为

$$D_m = K + E_x = 10.1au* \tag{3.44}$$

3.3.2 二维明渠紊流的纵向分散

埃尔德（Elder）对二维明渠均匀流在紊流状态下的纵向分散问题进行了研究。根据紊流扩散原理，有垂向二维紊流扩散方程：

$$\frac{\partial\overline{C}}{\partial t} + \overline{u}_x\frac{\partial\overline{C}}{\partial x} + \overline{u}_z\frac{\partial\overline{C}}{\partial z} = \frac{\partial}{\partial x}\left(E_x\frac{\partial\overline{C}}{\partial x}\right) + \frac{\partial}{\partial z}\left(E_z\frac{\partial\overline{C}}{\partial z}\right) + D\left(\frac{\partial^2\overline{C}}{\partial x^2} + \frac{\partial^2\overline{C}}{\partial z^2}\right)$$

针对二维明渠情况，埃尔德对上式作了如下处理：

（1）忽略分子扩散项。

（2）忽略沿纵向的紊动扩散项 $\frac{\partial}{\partial x}\left(E_x\frac{\partial\overline{C}}{\partial x}\right)$。

（3）令 $\overline{u}_z = 0$。

用 $\overline{u}$ 表示 $\overline{u}_x$，于是垂向二维紊流扩散方程简化为

$$\frac{\partial\overline{C}}{\partial t} + \overline{u}\frac{\partial\overline{C}}{\partial x} = \frac{\partial}{\partial z}\left(E_z\frac{\partial\overline{C}}{\partial z}\right) \tag{3.45}$$

以 $\overline{u} = V + u_b$ 代入式（3.45），有

$$\frac{\partial \overline{C}}{\partial t} + (u_b + V)\frac{\partial \overline{C}}{\partial x} = \frac{\partial}{\partial z}\left(E_z \frac{\partial \overline{C}}{\partial z}\right) \tag{3.46}$$

取坐标变换：$\xi = x - Vt$，有

$$\frac{\partial \overline{C}}{\partial t} = -V\frac{\partial \overline{C}}{\partial \xi} \tag{3.47}$$

$$\frac{\partial \overline{C}}{\partial x} = \frac{\partial \overline{C}}{\partial \xi} \tag{3.48}$$

将式（3.47）和式（3.48）代入式（3.46），得

$$u_b \frac{\partial \overline{C}}{\partial \xi} = \frac{\partial}{\partial z}\left(E_z \frac{\partial \overline{C}}{\partial z}\right) \tag{3.49}$$

令无量纲坐标

$$\eta = \frac{z}{h}$$

式中：h 为明渠的水深；z 从水面向下计算。则式（3.49）可以变为

$$\frac{\partial}{\partial \eta}\left(E_z \frac{\partial C_b}{\partial \eta}\right) = h^2 u_b \frac{\partial \overline{C}}{\partial \xi} \tag{3.50}$$

以 $\overline{C} = C_m + C_b$ 代入式（3.50），因为 $\partial C_m / \partial \eta = 0$，同时当扩散经历足够长时间后 $\partial C_b / \partial \xi = 0$，便有

$$\frac{\partial}{\partial \eta}\left(E_z \frac{\partial C_b}{\partial \eta}\right) = h^2 u_b \frac{\partial C_m}{\partial \xi} \tag{3.51}$$

式（3.51）和式（3.20）的意义相似，它表明经过足够长的扩散历时之后，垂向的紊动扩散作用与纵向分散作用相平衡。对式（3.51）进行积分，并将 $\frac{\partial C_m}{\partial \xi}$ 改写为 $\frac{\partial C_m}{\partial x}$ 得

$$C_b = h^2 \frac{\partial C_m}{\partial x}\int_0^\eta \frac{1}{E_z}\left(\int_0^\eta u_b \,\mathrm{d}\eta\right)\mathrm{d}\eta \tag{3.52}$$

式（3.52）满足边界条件：当 $\eta = 0$ 或 1 时，均有 $\partial C_b / \partial \eta = 0$。

对二维明渠均匀流，式（3.16）可以改写为

$$K = -\frac{1}{\dfrac{\partial C_m}{\partial x}}\int_0^1 u_b C_b \,\mathrm{d}\eta \tag{3.53}$$

将式（3.52）代入式（3.53），得

$$K = -h^2 \int_0^1 u_b \left[\int_0^\eta \frac{1}{E_z}\left(\int_0^\eta u_b \,\mathrm{d}\eta\right)\mathrm{d}\eta\right]\mathrm{d}\eta \tag{3.54}$$

埃尔德对二维明渠均匀流采用如下的对数公式表示流速分布

$$u = u_0 + \frac{u*}{\kappa}\ln(1 - \eta) \tag{3.55}$$

式中：κ 为卡门常数；u_0 为最大流速。

根据雷诺比拟，类似于式（3.39），有垂向紊动扩散系数

$$E_z = -\frac{zu^2*}{h\,\dfrac{\mathrm{d}u}{\mathrm{d}z}} = -\frac{hu^2* \,\eta}{\dfrac{\mathrm{d}u}{\mathrm{d}\eta}} \tag{3.56}$$

由式（3.55）有

$$\frac{\mathrm{d}u}{\mathrm{d}\eta} = -\frac{u*}{\kappa(1-\eta)}$$

将上式代入式（3.56），有

$$E_z = \kappa h u * (1-\eta)\eta \tag{3.57}$$

通过式（3.55）计算断面平均流速

$$V = \frac{1}{h}\int_0^h u\mathrm{d}z = u_0 + \frac{u*}{\kappa}\int_0^1 \ln(1-\eta)\mathrm{d}\eta = u_0 - \frac{u*}{\kappa} \tag{3.58}$$

而偏离流速

$$u_b = u - V = \frac{u*}{\kappa}[\ln(1-\eta)+1] \tag{3.59}$$

将式（3.57）和式（3.59）代入式（3.54），可得

$$\frac{\kappa^3 K}{h u*} = \int_0^1 \frac{1-\eta}{\eta}[\ln(1-\eta)]^2\mathrm{d}\eta \tag{3.60}$$

对式（3.60）的积分按 λ 函数的级数计算，其值约为 0.4041；取 $\kappa=0.41$，便有

$$K = 5.86 h u * \tag{3.61}$$

以上结果是在未考虑纵向紊动扩散的情况下取得的 K 值，现补充考虑如下：

由式（3.57）推求得竖向紊动扩散系数沿水深的平均值 $\|E_z\|=0.068hu*$。假设可以按各向同性紊动处理，有

$$E_x \approx \|E_x\| = \|E_z\| = 0.068 h u * \tag{3.62}$$

则综合扩散系数为

$$D_m = K + E_x = 5.93 h u * \tag{3.63}$$

以上对 E_x 的估值可能偏低，埃尔德本人在实验室试验得 $E_x \approx 0.23hu*$，按各向同性紊动考虑有 $E_x = E_z$，则

$$D_m = 6.1 h u * \tag{3.64}$$

3.4 天然河流中的扩散和分散

3.4.1 河流中污水混合的几个阶段

工业或生活污水一般通过排污道（管道或明渠）排入河流，首先在排污口附近局部地区混合，而后在水域的宽带与长度方向逐渐扩展。污水进入河流后，按其扩散与混合特点一般可分为 3 个阶段（图 3.3）。

第一阶段为初始稀释阶段。污水在离开排放口后以射流或浮射流的方式和周围水体掺混及扩散。污水经初始稀释后，初始动量和浮力的作用也就减弱，而进入第二阶段。

第二阶段为污染带扩展阶段。从污水在排放口附近的初始稀释到污水扩散至全河宽，这个阶段有一个较长的过程，在这段过程中污水仅占据河流的部分空间，形成所谓污染带。对大多数河流来说，河宽比水深要大得多，所以污水很快在垂向完全混合，浓度分布较均匀，而后主要是沿河宽横向紊动扩散。若污水是动力惰性物质，与周围水体密度相

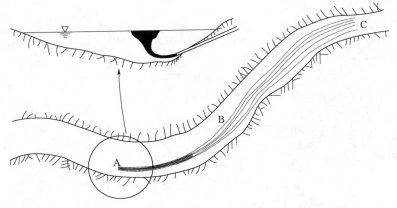

图 3.3　污水进入河道后的 3 个混合阶段
A—初始稀释阶段；B—污染带扩展阶段；C——维纵向分散阶段

同，紊动扩散主要在纵向（即流动方向）和横向进行，则此阶段的扩散可视为二维扩散问题。污染带的形状主要由一些特征参数决定，如污染带的长度、宽度及污染带面积等。污染带范围影响因素很多，包括排污负荷量、污染物降解系数、纵向扩散系数和横向扩散系数等。污染物在横断面上近似均匀混合后进入第三阶段。

第三阶段为纵向分散阶段。污水在横断面上近似均匀混合后，沿纵向的随流分散占主导地位，可视为一维分散问题。

第一阶段发生在排污口附近水域，常称为近区，一般是三维问题；第二阶段和第三阶段发生在离排污口较远的区域，常称为远区。第三阶段的起始断面目前尚无统一的规定，一般是以瞬时污染源的扩散云团的方差达到线性增长时起算，或者是分散系数为常数时起算。排污口至第三阶段起始断面的距离目前也只有近似的经验估算公式。费希尔于 1979年按有限边界的均匀流中污染源扩散的计算公式，并以岸边最小浓度与断面最大浓度之差在 5% 以内为达到完全混合的标准，提出估算顺直河流中达到全断面完全混合的距离的关系式如下：

对于在河流中心排污：

$$L = 0.1VB^2/E_y \tag{3.65}$$

对于在河岸排污：

$$L = 0.4VB^2/E_y \tag{3.66}$$

式中：L 为排污口至第三阶段起始断面之间的距离；V 为河流断面平均流速；B 为河宽；E_y 为横向紊动扩散系数。

3.4.2　河流的紊动扩散系数

1. 竖向扩散系数 E_z

根据雷诺类比已建立的垂向扩散系数公式，按此式计算出二维明渠平均垂向扩散系数 $\| E_z \| = 0.068hu*$，这已被水槽试验所证实。张书农教授于 1985 年发表论文，认为此式对非感潮河段是适用的，而潮汐河段在退潮和涨潮时的垂向扩散系数是有差别的。

2. 横向紊动扩散系数 E_y

天然河流的纵横断面变化较大，又很不规则，岸边会有各种建筑物，同时还可能存在分叉流动、支流汇入和河槽弯曲的情况，这些都会在垂向和横向上发生不均匀流动，特别是使横向流速分布不均匀，出现各种范围和形式的流动剪切层，引起不同尺度的涡漩而推动横向的紊动扩散。二维明渠流动是理想化的流动，所以不存在上述的复杂情况，又因为河宽一般都大于水深，横向扩散不会像垂向扩散那样很快完成，因此在河流断面上的质量移主要表现在横向扩散上。由于情况复杂，目前只是利用垂向紊动扩散系数的数学表达形式来估算横向紊动扩散系数，即

$$E_y = \alpha h u *$$ (3.67)

式中：α 为无量纲系数。

对于顺直的明渠，费希尔收集 70 多个实验资料，发现除灌溉渠道的 α 值为 $0.24 \sim 0.25$ 外，几乎所有情况的值都在 $0.1 \sim 0.2$ 的范围内，因而提出用其平均值的估算公式：

$$E_y = 0.15 h u *$$ (3.68)

α 值与水力条件、河流形态等参数相关，由于天然河流的断面形状、水力条件等存在沿程变化，因此其 α 值变化较大。部分研究者探究了宽深比、流速、断面形态等参数与 α 值的响应关系，提出了 α 值的经验表达式。

污染物自身的性质也可能会对 α 值产生一定的影响，赵晓东（2012）考虑到污染物比重不同对横向混合可能造成的影响，通过水槽试验研究了典型污染物的横向扩散分布特征，发现在同样的水流条件下，容重大的污染物的横向扩散强度大，纵向扩散强度小；并采用改进矩法建立了不同容重污染物横向扩散系数计算公式。

另外，武周虎等（2010）认为宽阔明渠中污染物质混合输移能力主要取决于岸边混合扩散特性，选用全断面平均水深等水力要素来确定横向混合系数不够合理，因此，他从污染混合区的特征尺度出发，给出利用污染物混合区最大长度、最大宽度与平均流速，推得顺直宽阔河道的横向混合系数 E_y 的计算公式。

张转等（2015）考虑到水资源系统是一个复杂、随机不确定的系统。将河流横向扩散参数看作正态模糊数，通过模糊线性规划确定横向扩散参数对应的模糊数，应用模糊数学中的隶属函数来确定在不同置信水平下河流横向扩散系数和河流平均流速等河流水质参数的取值区间。

对于弯曲和各种不规则的天然河道，虽然也有一定的研究，但不很充分。按已有资料判断，河流的不规则性会使横向扩散系数增大，一般地说，α 值都大于 0.4。如果河道弯曲较缓，河岸的不规则程度属中等，α 值一般在 $0.4 \sim 0.8$ 范围内，实用上费希尔建议采用式（3.69）提供的范围：

$$\alpha = \frac{E_y}{h u *} = 0.3 - 0.9$$ (3.69)

弯曲河道由于弯道环流和次生环流的存在，加强了横向紊动扩散，弯道半径（R_c）越小，这种作用越强烈，费希尔于 1969 年曾利用苏联罗索夫斯基的弯道横向流速分布公式，推导出弯道水流的横向扩散系数关系式如下：

$$\frac{E_y}{h u *} \simeq 0.25 \left(\frac{V}{u *} \right)^2 \left(\frac{h}{R_c} \right) \frac{1}{\kappa}$$ (3.70)

式中：V 为断面平均流速；κ 为卡门常数；$u*$ 是摩阻流速。

也有一些研究者提出了弯曲河道中无量纲横向混合系数 α 随流速、水深和曲率等不同参数变化的经验公式。

对于不规则河道，王雅琼等（2011）对含植物的明渠中横向混合系数进行研究，发现在一定植物密度范围内，横向混合系数值随着植物密度增大，而且刚性植物相比柔性植物对横向扩散的影响比较大，但实验中未给出具体的横向混合系数值以及规律性公式。Zhang Wen Ming 等（2011）进行室外示踪实验探究横向混合系数在有冰层覆盖与无冰层覆盖两种情况下，横向混合系数随流量的变化情况，用矩法对收集到的实验数据进行处理，发现横向混合系数值随流量呈线性变化，无量纲系数随流量没有变化。此外，有冰层覆盖时的无量纲系数比无冰层覆盖时小 21%。武周虎等（2015）模拟倾斜岸坡的扩散过程，在带格栅的实验室水槽中进行试验，得到不同倾角情况下 E_y 值，并根据格栅的振荡频率发现 E_y 的变化趋势。

3. 纵向紊动扩散系数 E_x

一般来说，纵向扩散和横向扩散都远不如垂向扩散所受到的限制多，因而可以认为纵向扩散与横向扩散处于相同的量级。再者，按式（3.61）和式（3.68）可估算出纵向分散系数 K 比纵向紊动扩散系数 E_x 要大约 40 倍，表明在纵向上以分散为主，所以人们对纵向紊动扩散的研究较少。但从有限的资料看，纵向紊动扩散系数 E_x 可能为横向紊动扩散系数 E_y 的 3 倍。因此，在一般情况下，3 个不同方向的紊动扩散系数的大小具有如下的排列：

$$E_x > E_y > E_z \tag{3.71}$$

3.4.3 河流的纵向分散系数

污水在河流中达到全断面完全混合后即进入第三阶段（纵向分散阶段），断面平均浓度 C_m 沿纵向的变化可用方程式（3.11）计算。对于顺直的断面面积沿程近似不变的河流，在忽略纵向紊动扩散时，式（3.11）变为

$$\frac{\partial C_m}{\partial t} + V \frac{\partial C_m}{\partial x} = K \frac{\partial^2 C_m}{\partial x^2} \tag{3.72}$$

问题仍然是纵向分散系数 K 的确定。影响 K 的因素有河流纵横向水力梯度、河床粗糙程度、河道断面形状的变化及宽深比、河道的平面形态及弯曲程度、河流流量等。总之，这些因素是通过改变流速分布和浓度分布去影响纵向分散系数的。天然河道影响流速分布的因素复杂而且剧烈，使河流流速分布在纵横方向上不均匀性大大加强，从而其分散系数也远大于埃尔德讨论的二维明渠流动的情况。费希尔等（1979）提供的国外一些河渠纵向分散系数 K 的实测值见表3.1。由此可见，K 值的变化范围很大，$K/hu*$ 比值最小为 8.6，最大竟达 7500，所以如何确定 K 值仍是个重要而又复杂的研究课题。下面介绍几种确定河流纵向分散系数 K 值的方法。

1. 用断面流速分布资料推算分散系数 K 值

前面讨论二维明渠流动的 K 值时，流速分布的不均匀性只在垂线方向（即 z 方向）上存在。因为是二维问题所以在横向（即 y 方向）上无任何变化，只需取单位宽度来研究就可以了。但是，天然河流中不仅在垂向上有流速分布，而且更重要的是在横向上流速

表 3.1　　　　　　　　　河渠纵向分散系数 K 实测值（据费希尔等人，1979）

作者和年份	河渠	水深 h /m	宽度 B /m	平均流速 V /(m/s)	摩阻流速 $u*$ /(m/s)	K 实测值 /(m²/s)	$\dfrac{K}{hu*}$	按式 (3.73) 估算的 K 值 /(m²/s)	按式 (3.85) 估算的 K 值 /(m²/s)
Thomas (1958)	Chicago 运河	8.07	48.8	0.27	0.0191	3.0	20		
加州水资源部 (1962)	Sacramento 河	4.00		0.53	0.051	15	74		
Owens 等 (1964)	Derwent 河	0.25		0.38	0.14	4.6	131		
Glover (1964)	南 Platte 河	0.46		0.66	0.069	16.2	510		
Schuster (1965)	Yuma Mesa A 运河	3.45		0.68	0.345	0.76	8.6		
Fischer (1967)	边壁加糙的实验水槽	0.035	0.40	0.25	0.0202	0.123	174	0.131	
		0.047	0.43	0.45	0.0359	0.253	150	0.251	
		0.035	0.40	0.45	0.0351	0.415	338	0.371	
		0.035	0.34	0.44	0.0348	0.250	205	0.250	
		0.021	0.33	0.45	0.0328	0.400	392	0.450	
		0.021	0.19	0.46	0.0388	0.220	270	0.168	
Fischer (1968)	Green-Duwamish 河 Washington	1.10	20		0.049	6.5~8.5	120~160	7.8	
Yotsukura 等 (1970)	Missouri 河	2.70	200	1.55	0.074	1500	7500		3440
Godfrey 和 Frederick (1970) （根据 Fischer 1968 年论文估算的数值）	Copper Greek 河 （水位尺以下）	0.49	16	0.27	0.080	20	500	6.0	
		0.85	18	0.60	0.100	21	250	28	
		0.49	16	0.26	0.080	9.5	245	11.4	
	Clinch 河	0.85	47	0.32	0.067	14	235	15	22
		2.10	60	0.94	0.104	54	245	86	73
		2.10	53	0.83	0.107	47	210	55	28
	Copper Greek 河 （水位尺以上）	0.40	19	0.16	0.116	9.9	220	2.8	
	Powell 河	0.85	34	0.15	0.055	9.5	200	9.1	
	Clinch 河	0.58	36	0.21	0.049	8.1	280	30	
	Coachella 运河	1.56	24	0.71	0.043	9.6	140	3.9	
Fukuoka 和 Sayre (1973)	弯曲矩形实验明渠光滑的侧壁，光滑和粗糙的槽底。共 25 组实验	0.023~0.070	0.13~0.25		0.011~0.027				

续表

作者和年份	河 渠	水深 h /m	宽度 B /m	平均流速 V /(m/s)	摩阻流速 $u*$ /(m/s)	K 实测值 /(m²/s)	$\dfrac{K}{hu*}$	按式 (3.73) 估算的 K 值 /(m²/s)	按式 (3.85) 估算的 K 值 /(m²/s)
Mcquivey 和 Keefer (1974)（根据 Fischer 1975 年论文估算的数值）	Bayou Anacoco 河	0.94	26	0.34	0.067	33			13
		0.91	37	0.40	0.067	39			38
	Nooksack 河	0.76	64	0.67	0.27	35			98
	Wind/ Bighorn 河	1.10	59	0.88	0.12	42			232
		2.16	69	1.55	0.17	160			340
	John Day 河	0.58	25	1.01	0.14	14			88
		2.47	34	0.82	0.18	65			20
	Comite 河	0.43	16	0.37	0.05	14			16
	Sabine 河	2.04	104	0.58	0.05	315			330
		4.75	127	0.64	0.08	670			190
	Yadkin 河	2.35	70	0.43	0.10	110			44
		3.84	72	0.76	0.13	260			68

分布不均匀，天然河流的宽深比（B/h）的数值较大（一般大于6），垂向流速分布不均匀造成的影响不大。根据以上的分析，费希尔按照埃尔德推出的公式，变水深函数 $\eta(=z/h)$ 为水面宽度函数 y，得到 K 值计算公式。将式 (3.54) 中的坐标 η 还原为坐标 z，即

$$K = -\frac{1}{h}\int_0^h\left[\int_0^z\frac{1}{E_z}\left(\int_0^z u_b\,dz\right)dz\right]u_b\,dz$$

$$= -\frac{1}{bh}\int_0^h\left[\int_0^z\frac{1}{bE_z}\left(\int_0^z bu_b\,dz\right)dz\right]bu_b\,dz$$

如上分析，流速主要沿横向有变化，则把上式中变量 z 换为 y，宽度 B 换为水深 h，沿垂向的积分换为沿横向的积分，考虑横向紊动扩散，则把 E_z 换为 E_y，便得

$$K = -\frac{1}{A}\int_0^B\left[\int_0^y\frac{1}{hE_y}\left(\int_0^y hu_b\,dy\right)dy\right]hu_b\,dy \tag{3.73}$$

式中：A 为横断面面积。

费希尔建议

$$u* = \sqrt{ghJ} \tag{3.74}$$

且在顺直河道中，E_y 可用式 (3.75) 计算：

$$E_y = 0.23hu* \tag{3.75}$$

式中：h 为水深，它是横向坐标 y 的函数；J 为水力坡度；E_y 为横向紊动扩散系数。

因为式 (3.73) 是从埃尔德对二维明渠流动分析中转换而来的，所以它适用于断面沿流程不变的均匀流动，应用于顺直的河道只是一种近似。对于沿程断面变化较大，平面上又是弯曲的非顺直河流则需要修正。式 (3.73) 一般不能用直接积分求得 K 值，只有根据流速和横断面的实测资料求得近似的积分值。

【例 3-1】 设有一棱柱形明渠，水面宽为 36.6m，渠底纵坡 $i=J=0.0001$，为了便于计算把渠道断面分为若干部分，把各部分的平均水深 h 和流速 $\bar{u}$ 列入表 3.2，横向坐标 y 的起点在左岸水面点上，y 轴沿水面设置，估算纵向分散系数 K 值。

解： 按式（3.73）列表计算见表 3.2，全断面面积 A 为

$$A=\sum\Delta A=78.1(\mathrm{m}^2)$$

全断面流量和断面平均流速分别为

$$Q=\sum\Delta Q=50.5(\mathrm{m}^3/\mathrm{s})$$

$$V=Q/A=0.647(\mathrm{m/s})$$

从表 3.2 得知： $\int_0^B\left[\int_0^y\left(\int_0^y q\,\mathrm{d}y\right)\dfrac{\mathrm{d}y}{hE_y}\right]q\,\mathrm{d}y=-1672(\mathrm{m}^4/\mathrm{s})$

最后得纵向分散系数 $K=-\dfrac{-1672}{78.1}=21.4(\mathrm{m}^2/\mathrm{s})$

表 3.2　　　　　　　　　　**渠道断面各部分的平均水深 h 和流速 $\bar{u}$ 列表**

横向坐标 y	0	6.1	12.2	18.3	24.4	30.5	36.6
平均 h	1.22	2.13	3.05	3.05	2.13	1.22	
垂向平均流速 $\bar{u}$	0.43	0.61	0.76	0.76	0.61	0.43	
Δz	6.1	6.1	6.1	6.1	6.1	6.1	
$\Delta A=h\Delta y$	7.44	13.0	18.61	18.61	13.0	7.44	
$\Delta Q=\bar{u}\Delta A$	3.20	7.93	14.14	14.14	7.93	3.20	
$\bar{u}-V=\hat{u}$	-0.217	-0.37	0.113	0.113	-0.037	-0.217	
$q\Delta y=(\bar{u}-V)h\Delta y$	-1.62	-0.48	2.10	2.10	-0.48	-1.62	
$\int_0^y q\,\mathrm{d}y$	0	-1.62	-2.10	0	2.10	1.62	0
平均 $\left(\int_0^y q\,\mathrm{d}y\right)$	-0.81	-1.86	-1.05	1.05	1.86	0.81	
$E_y=0.23h\sqrt{ghi}$	0.0097	0.0224	0.0384	0.0384	0.0224	0.0097	
平均（　）$\Delta y/(E_yh)$	-417	-238	-55	55	238	417	
$\left[\int_0^y(\quad)\Delta y/(E_yh)\right]$	0	-417	-655	-710	-655	-417	0
平均 [　]	-209	-536	-628	-628	-536	-209	
平均 [　]$q\Delta y$	339	257	-1432	-1432	257	339	
$\int_0^B[\quad]q\,\mathrm{d}y$	0	339	596	-836	-2268	-2011	-1672

2. 用现场浓度观测资料推算分散系数 K 值

为了得到特定河流中的比较准确的纵向分散系数值，可以在河道中选择适当位置投放示踪剂［如若丹明（Rhodamine）］，在下游达到完全混合的分散段内选定量测断面，采样测定浓度的时间过程线，按此过程线的方差来推算分散系数。量测和计算方法一般有如下几种。

（1）单测站方差推算法。在河流上游某断面以瞬时点源方式投放示踪剂，一般认为在距源点下游的距离 x 达到满足下列不等式时，可认为断面已完全混合，即

$$x > 0.4 \frac{VB^2}{E_y} \tag{3.76}$$

这个断面下游的所有断面上的平均浓度可由一维纵向分散方程的瞬时平面源的解表示，即

$$C_m(x,t) = \frac{M}{\sqrt{4\pi Kt}} \exp\left[-\frac{(x-Vt)^2}{4Kt}\right] \tag{3.77}$$

由此可推求测站断面浓度时间过程线的方差和分散系数为

$$\sigma_t^2 = \frac{2Kx}{V^3} \tag{3.78}$$

$$K = \frac{V^3 \sigma_t^2}{2x} \tag{3.79}$$

在选定的断面上实测浓度随时间变化的过程线，求得其方差 σ_t^2，按式（3.79）计算纵向分散系数 K 值。式（3.79）中 σ_t^2 按式（3.80）计算：

$$\sigma_t^2 = \frac{\sum_{i=1}^{N} C_i t_i^2 \Delta t_i}{\sum_{i=1}^{N} C_i \Delta t_i} - \left(\frac{\sum_{i=1}^{N} C_i t_i \Delta t_i}{\sum_{i=1}^{N} C_i \Delta t_i}\right)^2 \tag{3.80}$$

单站法工作量小，但存在初始段的影响，精度不高。

（2）两测站方差推算法。在河流纵向分散段内设置上下游两个量测断面，这就有一个空间分布的问题。我们跟踪这个"分散云团"，在不同的空间位置 ξ 都能测得浓度空间分布过程，因而获得方差 σ_ξ^2。这在实测上有不便之处，因为我们要把一个"云团"的分散幅度沿 ξ 的范围内都量测到，而不是像单站法那样守在一个河道断面上，只测该断面的浓度时间过程线。如果假设河段上下游测站间的断面平均流速基本不变，示踪剂分散云团在通过任一断面时不发生显著变形而且都是指数型分布，费希尔于1966年利用"矩量转换"方法推导出如下关系：

$$\sigma_\xi^2 = V^2 \Delta \sigma_t^2 \tag{3.81}$$

按照式（3.79），就能写出分散系数的计算公式：

$$K = \frac{V^3}{2} \frac{\sigma_\xi^2}{\Delta x} = \frac{V^2}{2} \frac{\sigma_{t_2}^2 - \sigma_{t_1}^2}{\bar{t}_2 - \bar{t}_1} \tag{3.82}$$

式中：V 为两测站间的河段的平均流速。

式（3.82）中 $\bar{t}$ 按式（3.83）计算：

$$\bar{t}=\frac{\int_0^\infty Ct\,\mathrm{d}t}{\int_0^\infty C\,\mathrm{d}t}=\frac{\sum\limits_{i=1}^N C_i t_i \Delta t_i}{\sum\limits_{i=1}^N C_i \Delta t_i} \tag{3.83}$$

（3）演算法。根据两个断面的浓度过程线的实测资料，把上游断面测得的浓度过程线 $C(x_1,\tau)$ 作为初始条件，把下游断面的浓度过程线 $C(x_2,\tau)$ 视为由上游断面的时间连续平面源所形成的浓度过程线，上下两个测站的过程线存在如下关系：

$$C(x_2,\tau)=\int_{-\infty}^\infty \frac{C(x_1,\tau)V}{\sqrt{4\pi K(t_2-t_1)}}\exp\left\{-\frac{\left[(x_2-x_1)-V(t-\tau)\right]^2}{4K(t_2-t_1)}\right\}\mathrm{d}\tau \tag{3.84}$$

式中：x_1、x_2 分别为上下游测站离源点的距离；V 为河段平均流速；$t_2=x_2/V$；$t_1=x_1/V$。

具体计算过程是：先假设一个纵向分散系数 K 值，利用式（3.91）积分计算出一条 $C(x_2,\tau)$ 的过程线，将它与实测的浓度过程线比较，如两者误差较大，则修改 K 值，再进行积分计算，直到两者符合很好时，此 K 值即为两测站间河段的平均分散系数值。

总的来说，采用现场实测资料来推算 K 值比前面两种方法（经验公式估算法和断面流速分布资料推算法）可靠，但是进行一次现场观测耗资颇大，而且量测手段和设备精度尚待提高。

【例 3 - 2】   示踪剂注入一河槽，其分散云团流经两个浓度量测站上下游测站离注入原点的距离分别是 2400m 和 4130m。两站间河槽的平均水深 0.84m，平均水面宽 $B=$ 18m，平均摩阻流速 $u*=0.1\mathrm{m/s}$，两测站得到的浓度随时间的变化过程见表 3.3。浓度单位是 ppm，时间单位是 min，时间起算点以第一测站（即上游测站）为准。考虑到第一站的浓度峰值较第二站的值陡，所以第一站的 Δt 取 3min，第二站 Δt 取 5min。估算河段的纵向分散系数 K 值。

解：首先验证测站是否在一维纵向分散段内，即断面是否完全混合，判别式是式（3.76），式中的横向扩散系数按下式计算：

$$E_y=0.6hu*=0.6\times0.84\times0.1=0.0504\mathrm{m^2/s}$$

表 3.3   两 测 站 浓 度 变 化 表

第 一 测 站		第 二 测 站		第 一 测 站		第 二 测 站	
t/min	c/ppm	t/min	c/ppm	t/min	c/ppm	t/min	c/ppm
0	0	37	0	33	0.33	92	0.16
3	0.26	42	0.07	36	0.26	97	0.11
6	0.67	47	0.22	39	0.21	102	0.07
9	0.95	52	0.40	42	0.16	107	0.05
12	1.1	57	0.54	45	0.14	112	0.03
15	1.1	62	0.59	48	0.10	117	0.02
18	1.0	67	0.55	51	0.07	122	0.02
21	0.87	72	0.48	54	0.05	127	0.02
24	0.72	77	0.39	57	0.03	132	0.01
27	0.59	82	0.30	60	0.02	137	0.01
30	0.45	87	0.22	63	0	142	0

两测站河段的平均流速 V 可由下式计算：

$$V = \Delta x / \Delta t$$

上式中的 Δx 为两站间距，Δt 为浓度峰值达到两站的时间差，从表 3.3 中找出 $\Delta t = 49\text{min}$，则

$$V = (4130 - 2400)/49 = 35.3\text{m/min} = 0.588\text{m/s}$$

$$2400\text{m} > \frac{0.4 \times 0.588 \times 18^2}{0.0504} = 1512\text{m}$$

满足达到断面完全混合的条件，按式（3.80）分别计算两个站的浓度方差值如下：

表 3.4   两测站浓度方差值表

第一测站	第二测站	单 位	第一测站	第二测站	单 位
$\sum c_i = 0.98$	$\sum c_i = 4.26$	ppm	$\sum c_i t_i^2 = 4776$	$\sum c_i t_i^2 = 21988$	$\text{ppm} \times \text{min}^2$
$\sum c_i t_i = 181$	$\sum c_i t_i = 298$	$\text{ppm} \times \text{min}$	$\sigma t_1^2 = 129$	$\sigma t_2^2 = 268$	min^2

按式（3.83）计算两站的平均时间分别为

$$\overline{t_1} = 17.8\text{min}, \quad \overline{t_2} = 68.9\text{min}$$

最后求得按式（3.82）计算的纵向分散系数 K：

$$K = \frac{V^2}{2} \frac{\sigma_{t_2}^2 - \sigma_{t_1}^2}{t_2 - t_1} = \frac{35.3^2}{2} \times \frac{(268 - 129)}{68.9 - 17.8} = 1695\text{m}^2/\text{min} = 28.2\text{m}^2/\text{s}$$

3. 用经验公式估算分散系数 K 值

在缺乏流速分布资料时，可用经验公式作粗略估算，这类公式不少，但是都有一定的局限性，选用时需慎重。费希尔于 1975 年提出的公式为

$$K = 0.011 \frac{V^2 B^2}{hu*} \tag{3.85}$$

刘亨立（H. Liu）于 1977 年提出下列公式：

$$K = \beta \frac{V^2 B^2}{Au*}, \quad \beta = 0.18 \left(\frac{u*}{V} \right)^{1.5} \tag{3.86}$$

其后与 1980 年他又提出：

$$K = r \frac{u* A^2}{h^3} \tag{3.87}$$

式中：r 为无量纲系数，一般可取 0.6 或 0.5。

麦奎维伊（R. S. M$_c$Quivey）等于 1974 年提出一个简单公式：

$$K = 0.058 \frac{Q}{JB} \tag{3.88}$$

式（3.85）～式（3.88）中，h 为平均水深；$u*$ 为摩阻流速，$u* = \sqrt{ghJ}$；J 为水力梯度；V 为断面平均流速；A 为断面面积；B 为水面宽度；Q 为流量。

第 4 章　射流、羽流和浮射流

4.1　概　　述

　　射流（Jet）、羽流（Plume）和浮射流（Buoyant Jet）这 3 种流动，是指从各种型式的喷射口或排泄口（总称为孔口）流入比孔口尺度要大的流体空间的一股流体流动。它们和管流或明槽流动的区别在于：管流的周界全都是固体；明槽流动除水面外，大部分周界也是固体。而这 3 种流动（除附壁射流外）的全部周界都是流体。在工程技术部门会遇到大量的射流、羽流和浮射流问题。环境工程中的排污、排热、排气的近区扩散分析和废水、废气混合扩散装置的研制及设计，都需要应用这 3 种流动的基本理论。

4.2　射流的基本规律

4.2.1　射流的定义和分类

　　按照不同的划分标准，可以将射流分为各种类型。

　　按照射流的流动形态，分为层流射流和紊动射流，实际工程问题中遇到的多为紊动射流。当出口速度较大，流动呈紊流状态时，称为紊动射流。比如排水工程中含有污染物质的废水经排污口流入江河、湖泊（水库）中，这种射流为液体紊动射流。

　　按照射流的物理性质，分为不可压缩射流和可压缩射流、等密度射流和变密度射流。可压缩射流是指流体密度变化不能忽略的流动，实际上流体都具有程度不同的可压缩性，但为了简化问题的分析，常常假定密度变化可以忽略，按不可压缩流动来考虑。等密度射流是指在射流扩散和运动中密度不发生变化的流动，而变密度射流是指密度发生变化的流动。

　　按照射流与周围流体的关系，分为淹没射流和非淹没射流。若射流与周围介质的物理性质相同，为淹没射流；若不相同则为非淹没射流。

　　按照射入环境的固体边界约束情况，分为自由射流和非自由射流。若射流进入一个很大的空间，出流后边界对它没有影响，称为自由射流；若射入一个有限空间，射流受到固体或者液体边界的限制，称为非自由射流。在非自由射流中，射流的部分边界贴附在固体边界上为贴壁射流，射流沿着水体表面（如河面或湖面）射出为表面射流。

　　按照射流的原动力，分为动量射流（简称射流）、浮力羽流（简称羽流）和浮力射流（简称浮射流）。若射流的出流速度较高，依靠出射的初始动量来维持自身的继续运动，动量对流动起支配作用，称为动量射流；若射流的初始出射动量很小，流动的发生和扩展主要靠浮力的作用，称为浮力羽流；若兼受动量和浮力两种作用而运动，则称为浮力射流。消防用水枪、农业喷灌中的喷流等属动量射流；密度小的废水泄入含盐度大的海水、热源上的烟气等属浮力羽流；火电站和核电站的冷却水排入河流或湖泊中的热水射流、污水排入密度大的河口或港湾的污水射流等属浮力射流。

　　按照射流出口的断面形状，分为圆形（轴对称）射流、平面（二维）射流、矩形（三维）射流等。

　　影响射流运动特征的因素很多，除了射入环境的物理性质和固体边界以外，周围流体的状态也会对其产生影响，即周围流体是静止还是流动、其流动方向与射流平行还是与其有一定夹角、周围流体是否有密度分层等。

　　本章将讨论恒定流的不可压缩射流、羽流和浮射流在静止流体中运动的基本特征及规律。这是最简单的情况，也是研究复杂射流的基础。

4.2.2　紊动射流的形成和结构

　　以自由淹没平面二维射流（图4.1）为例，其扩展的过程可以描述如下。射流从孔口射入无限空间的静止流体之后，与周围静止流体之间产生速度不连续的间断面，间断面容易产生波动，失去稳定而形成漩涡，从而引起紊动。这样就会把原来周围处于静止状态的液体卷吸到射流体里去，这就是所谓"卷吸"（Entrainment）和掺混现象。卷吸与掺混作用的结果，使得射流断面不断扩大，流速不断降低，流量沿程增加。

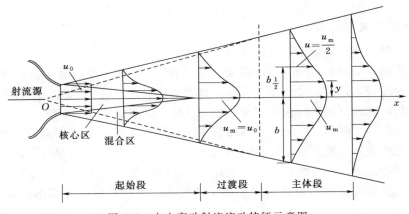

图 4.1　自由紊动射流流动特征示意图

　　虽然在射流中无论是沿射流方向的纵向流速还是垂直于射流方向的横向流速都是高度脉动的，但从统计平均的角度来看，每个断面都有其相应恒定的流速分布。各断面射流中心最大纵向流速 u_m 与射流边界处指向射流中心的横向速度 u_e 有如下的固定比例关系：

$$u_e = \alpha u_m \tag{4.1}$$

式中：α 为卷吸系数。

　　上式表明，周围流体被卷入射流的强度与射流自身的强度成正比。

　　射流在形成稳定的流动形态之后，整个射流分成两部分，由喷口开始向外扩展的区域称为射流边界层区；射流未受掺混、保持原出口流速的中心部分称为射流核心区。由于上述的卷吸和掺混作用，在离开喷口一定距离之后，射流核心区就消失了，核心区完全消失的横断面称为转折断面。喷口与转折断面之间的流段为起始段，通常起始段不长，在这一段内射流的中心流速始终保持射流的出口流速。转折断面之后为主体段，主体段与起始段之间有过渡段，过渡段很短，在分析中常常忽略，所以关于射流主要解决的是主体段问题。

4.2.3 紊动射流的特性

理论分析和实验观测表明，紊动射流具有以下特性。

1. 射流的紊流边界混合层厚度随距离发展呈线性增加

实验表明，紊动射流的厚度是线性增长的，即射流任一断面的厚度与该断面到射流原点的距离成正比，即

$$b = \varepsilon x \tag{4.2}$$

式中：ε 为射流的扩展系数，这里为常数；b 为射流主体段任一断面的半厚度；x 为该断面到射流原点的距离。

如果将射流主体段的两侧边界按直线延伸到射流出口附近，得到一交点 O（图 4.1），此点称为射流极点。射流极点并不在实际的射流出口断面上，但在一般分析中，经常忽略这一细节，简单地认为实际的射流出口与射流极点重合。

当喷嘴的形状和出口流速一定时，紊动射流的外边界就被确定了。从出口开始，射流按照一定扩展角不断向外扩散，射流外边界呈直线，有不变的扩展角。应当指出，这仅仅具有统计平均的意义，由于紊动作用在间断面附近比较剧烈，从实验观测到的边界线不是一条光滑笔直的直线。

2. 纵向流速分布的相似性

实验表明，在射流的主体段，各断面的纵向流速分布有明显的相似性，也称自保性。

图 4.2（a）所示为静止流体中平面紊动自由射流主体段不同断面上的实测流速分布曲线。可见，随着距离 x 的增加，轴线流速 u_m 逐渐减小，流速分布曲线趋于平坦。若改用无量纲值表示，以 $\dfrac{u}{u_m}$ 为纵坐标，$\dfrac{y}{b_{1/2}}$ 为横坐标，则主体段所有断面的无量纲流速分布曲

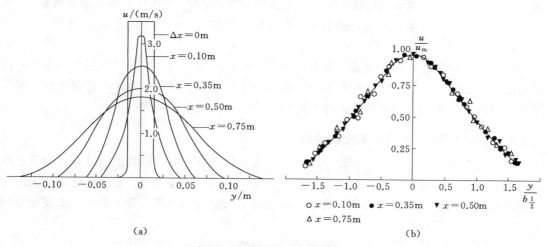

(a)　　　　　　　　　　　　(b)

图 4.2　紊动射流断面流速分布

线基本上落在同一曲线上（其中 u 是横坐标为 y 处的流速，$b_{1/2}$ 是流速等于 $\dfrac{u_m}{2}$ 处的横向坐标），如图 4.2（b）所示。

这种速度分布的相似性，可表示为

$$\frac{u}{u_m} = f\left(\frac{y}{b}\right) \tag{4.3}$$

式中：b 为射流的特征半厚度。

由于射流边界的不规则性，b 值难以准确测定，这个特征半厚度常取流速等于轴线流速 u_m 的规定比值处的 y 为标准。根据对大量实验资料的分析发现，一般取 $\dfrac{u}{u_m} = \dfrac{1}{e} \approx$ 0.368 处的 y 值为特征半厚度 b 时，计算比较方便。

实验资料表明，在起始段的边界层内流速分布同样具有这种相似性，并且对于圆形断面射流，以及在流动环境中的射流也可以观测到这种流速分布的相似性。

3. 等密度自由射流各断面上动量守恒

实验表明，射流内部的动水压强与静水压强分布差别不大，可认为射流内部及其周围环境流体的压强统一按静水压强分布处理，即沿流向有 $\dfrac{\partial p}{\partial x} = 0$ 的关系。根据动量方程可知，对于等密度紊动射流，射流各断面上动量守恒，即单位时间内通过射流各断面流体的动量通量 M 是常数。对于圆形断面射流，有下面公式：

$$M = \int_0^{+\infty} \rho u^2 2\pi r \, \mathrm{d}r = \rho u_0^2 \pi r_0^2 = M_0 \tag{4.4}$$

式中：r_0、u_0 分别是出口断面的半径和流速；ρ 为射流的密度；M_0 为孔口处动量通量。

对于平面射流，各断面流体的单宽动量通量 M' 守恒，有下面公式：

$$M' = \int_{-\infty}^{\infty} \rho u^2 \, \mathrm{d}y = 2\rho u_0^2 b_0 = M_0' \tag{4.5}$$

式中：u_0 为射流出口断面的流速；b_0 为矩形孔口的半高；M_0' 为孔口处单宽动量通量。

对于变密度自由紊动射流，由于 ρ 不断变化，所以式（4.4）、式（4.5）不成立。

4. 其他性质

除了上述性质外，紊动射流还具有一些其他性质，例如射流边界层的宽度远小于射流的长度；在射流边界层的任何横断面上，横向分速度远小于纵向分速度；紊动剧烈，射流断面上纵向、横向和垂向的脉动流速与时均流速属于相同数量级等。

4.2.4　射流问题的研究目的和分析途径

射流问题的研究目的，主要在于确定射流流速的分布、射流轴线的轨迹以及射流扩展的范围。对于变密度、非等温以及挟带有污染物质的射流则还需要确定密度分布、温度分布和挟带物质的浓度分布。其中，流速分布是确定矢量场的问题，密度分布、温度分布和浓度分布等是确定标量场的问题。

射流问题的分析方法目前主要有实验法、数值法和动量积分法 3 种。

（1）实验法是最主要和最基本的方法。采用量纲分析整理实验资料，求得适用的经验关系式，可以揭示紊动射流的基本结构和运动机理，也可以确定其他各种分析和计算方法中需要确定的参数，并可以验证分析计算结果。

（2）数值法是从流体力学的角度出发求射流边界层偏微分方程的解析解或数值解。由于射流的横向尺度远小于纵向尺度，所以可以采用边界层方程来分析，以简化问题的处理。求解紊流边界层方程的关键在于如何处理雷诺应力项，即选用何种紊流模型来使方程封闭。目前较常采用的模型有时均流模型或称零方程模型、$k-\varepsilon$ 双方程模型等。随着计算机性能的提高，大涡模拟（LES）和直接数值模拟（DNS）已开始应用于紊流的研究。

（3）动量积分法将偏微分方程转化为常微分方程求解，使问题进一步简化。对于等密度自由射流，有沿程动量守恒的重要特性。但要在射流断面进行动量积分需要解决两个问题：一是断面上流速分布的模式；二是边界条件的确定。前者一般是作射流断面上流速分布的相似性假定；后者常采用线性扩展假定或卷吸假定。

除了以上分析方法之外，还可以运用其他方法，如用渐进分析法确定无量纲参数之间的数学关系等。在很多情况下，解决一个问题需要将多种方法结合运用才能得到最后结果。

4.3 淹 没 射 流

4.3.1 平面淹没射流

如果射流从一狭长的矩形孔口或缝隙射入无限空间的静止流体中，且出口断面上流速均匀分布，这样的射流称为平面淹没射流。在实际工程中另一种常见情况是，由一排各自独立但靠得相对较近的孔口喷出的射流，当满足一定条件时，也可以按照平面问题来分析。

实验表明，当射流出口雷诺数满足式（4.6）时为紊动射流：

$$Re = \frac{2b_0 u_0}{\nu} > 30 \tag{4.6}$$

式中：b_0 为出口断面半宽；u_0 为出口起始流速；ν 为运动黏滞系数。

在实际工程中，对于平面淹没射流问题，主要是研究和解决主体段中射流扩展范围、流速分布、流量沿程变化。对于含有污染物的射流，如果其含有物的浓度对于射流的密度没有影响或者影响很小，则这种含有物质可看作一种示踪物质。由于示踪物质只是作为一种标志性物质，流场的速度分布和它的存在无关。故其浓度分布问题仍可按照等密度射流理论进行分析。

1. 主体段的流速分布

主体段流速分布的计算包括轴线流速 u_m 和断面上任意点流速 u 的确定。根据紊动射流的性质可知，在主体段紊动射流充分发展区域，各断面的流速分布相似，采用高斯正态分布的形式可写为

$$u = u_m \exp\left(-\frac{y^2}{b_e^2}\right) \tag{4.7}$$

式中：b_e 代表射流断面的特征半厚度，即流速 $u = u_m/e$ 处到 x 轴的距离，称为速度场半宽。

根据上式可计算断面流体的单宽动量通量：

$$M' = \int_{-\infty}^{+\infty} \rho u^2 \, \mathrm{d}y = 2 \int_0^{+\infty} \rho u_m^2 \exp^2\left(-\frac{y^2}{b_e^2}\right) \mathrm{d}y$$

$$= 2\rho u_m^2 \int_0^{+\infty} \exp\left[-\left(\frac{\sqrt{2}}{b_e}\right)^2 y^2\right] \mathrm{d}y$$

$$= 2\rho u_m^2 \frac{\sqrt{\pi}}{2\left(\frac{\sqrt{2}}{b_e}\right)} = \sqrt{\frac{\pi}{2}} \rho u_m^2 b_e \tag{4.8}$$

由式（4.5）得到

$$\sqrt{\frac{\pi}{2}} u_m^2 b_e = 2u_0^2 b_0 \tag{4.9}$$

根据射流厚度的线性扩展性质，可设

$$b_e = \varepsilon x \tag{4.10}$$

代入式（4.9），得到射流轴线流速关系式：

$$\frac{u_m}{u_0} = \left[\sqrt{\frac{2}{\pi}} \frac{1}{\varepsilon}\right]^{\frac{1}{2}} \left(\frac{2b_0}{x}\right)^{\frac{1}{2}} \tag{4.11}$$

可知，u_m 与源点距离 x 的平方根成反比。由阿尔伯逊（M. L. Alberson）等的实验资料可知，对于平面射流有 $\varepsilon = 0.154$，则

$$u_m = 2.28u_0 \left(\frac{2b_0}{x}\right)^{\frac{1}{2}} \tag{4.12}$$

式中：$x > L_0$，L_0 为起始段长度。

将式（4.12）代入式（4.7），可得主体段射流体中的流速分布为

$$u(x, y) = 2.28u_0 \left(\frac{2b_0}{x}\right)^{\frac{1}{2}} \exp\left(-\frac{y^2}{b_e^2}\right) \tag{4.13}$$

或

$$u(x, y) = 2.28u_0 \left(\frac{2b_0}{x}\right)^{\frac{1}{2}} \exp\left(-\frac{y^2}{0.024x^2}\right)$$

根据起始段末端（$x = L_0$）处 $u_m/u_0 = 1$ 和式（4.12）可以得到起始段长度

$$L_0 = 10.4b_0$$

2. 流量沿程变化

由于射流边界层不断的卷吸作用，射流流量沿程增大，任一断面的单宽流量为

$$q = \int_{-\infty}^{+\infty} u \, \mathrm{d}y = 2 \int_0^{+\infty} u_m \exp\left(-\frac{y^2}{b_e^2}\right) \mathrm{d}y = \sqrt{\pi} b_e u_m \tag{4.14}$$

出口处的单宽流量为

$$q_0 = 2b_0 u_0 \tag{4.15}$$

则流量比为

$$\frac{q}{q_0} = \frac{\sqrt{\pi} b_e u_m}{2 b_0 u_0} \tag{4.16}$$

将式 (4.10) 和式 (4.11) 代入式 (4.16) 得到

$$\frac{q}{q_0} = (\sqrt{2\pi} \varepsilon)^{\frac{1}{2}} \left(\frac{x}{2 b_0}\right)^{\frac{1}{2}} \tag{4.17}$$

可见，流量与源点距离 x 的平方根成正比。再由 $\varepsilon = 0.154$ 得到

$$\frac{q}{q_0} = 0.62 \left(\frac{x}{2 b_0}\right)^{\frac{1}{2}} \tag{4.18}$$

式中：$x > L_0$。

若射流中含有污染物质时，则 $S = q/q_0$ 为任意断面上含有污染物质浓度的平均稀释度。稀释度 S 是指流体样品总体积与流体样品中所含污水体积之比。若 $S = +\infty$，表明水体未受污染，为纯净水体；若 $S = 1$，表明污水未得到任何稀释。

3. 射流中示踪物质的浓度分布

射流中示踪物质的浓度分布和流速分布互不影响，可以独立进行分析。实验说明浓度分布也可采用高斯分布形式，即

$$C = C_m \exp\left(-\frac{y^2}{b_c^2}\right) = C_m \exp\left(-\frac{y^2}{\lambda^2 b_e^2}\right) \tag{4.19}$$

式中：$\lambda = b_c / b_e > 1$；b_c 为在 $C = C_m/e$（即 $y = b$）处的平面射流半宽，称为浓度场半宽；b_e 为前述的速度场半宽。

按照物质守恒定律，射流任一断面示踪物质的（单宽）扩散通量等于其出口处（单宽）扩散通量，有

$$\int_{-\infty}^{+\infty} C u \, dy = C_0 u_0 \times 2 b_0 \tag{4.20}$$

式中：C_0 为出口断面的初始浓度。

将式 (4.7) 和式 (4.19) 代入式 (4.20)，有

$$\int_{-\infty}^{+\infty} C u \, dy = 2 \int_{0}^{+\infty} C_m \exp\left(-\frac{y^2}{\lambda^2 b_e^2}\right) u_m \exp\left(-\frac{y^2}{b_e^2}\right) dy = \sqrt{\frac{\pi \lambda^2}{1 + \lambda^2}} C_m u_m b_e \tag{4.21}$$

由式 (4.20) 并考虑到式 (4.10) 和式 (4.11) 可以解得

$$\frac{C_m}{C_0} = \left[\frac{1 + \lambda^2}{\lambda^2 \varepsilon} \frac{1}{\sqrt{2\pi}}\right]^{\frac{1}{2}} \left(\frac{2 b_0}{x}\right)^{\frac{1}{2}} \tag{4.22}$$

根据实验资料知，对于平面射流有 $\lambda = 1.41$，已知 $\varepsilon = 0.154$，代入上式得到

$$C_m = 1.97 C_0 \left(\frac{2 b_0}{x}\right)^{\frac{1}{2}} \tag{4.23}$$

则有

$$S_m = \frac{C_0}{C_m} = 0.51 \left(\frac{x}{2 b_0}\right)^{\frac{1}{2}} \tag{4.24}$$

式中：S_m 为轴线稀释度，即初始浓度与轴线浓度之比。

将式（4.23）代入式（4.19），得射流断面上浓度分布为

$$C(x,y) = 1.97C_0 \left(\frac{2b_0}{x}\right)^{\frac{1}{2}} \exp\left(-\frac{y^2}{\lambda^2 b_e^2}\right) \tag{4.25}$$

或

$$C(x,y) = 1.97C_0 \left(\frac{2b_0}{x}\right)^{\frac{1}{2}} \exp\left(-\frac{y^2}{0.047x^2}\right)$$

4.3.2 圆形断面淹没射流

对于圆形断面淹没射流，要解决的问题和平面淹没紊动射流相同，即主体段中的流速分布、流量沿程变化和示踪物质（污染物质）的浓度分布问题。本节同样是分析无限空间静止流体中等密度的圆形断面紊动射流，在流动过程中具有轴对称性质。

1. 主体段的流速分布

与平面淹没射流一样，射流各断面动量通量守恒，都等于出口断面的动量通量见式（4.4）。同样根据紊动射流流速分布的相似性得到

$$u = u_m f\left(\frac{r}{b_e}\right) = u_m \exp\left(-\frac{r^2}{b_e^2}\right) \tag{4.26}$$

式中：r 为径向坐标；b_e 为特征半厚度。代入式（4.4），可得

$$\int_0^{+\infty} \rho u^2 2\pi r \, dr = 2\rho \pi u_m^2 \int_0^{+\infty} \exp^2\left(-\frac{r^2}{b_e^2}\right) r \, dr$$

$$= 2\rho \pi u_m^2 \frac{b_e^2}{4} \int_0^{+\infty} \exp\left(-\frac{2r^2}{b_e^2}\right) d\left(\frac{2r^2}{b_e^2}\right) = \frac{\rho \pi}{2} u_m^2 b_e^2 \tag{4.27}$$

由式（4.4），并将射流的线性扩展关系式 $b_e = \varepsilon x$ 代入式（4.27）得到

$$\frac{u_m}{u_0} = \frac{1}{\sqrt{2}\varepsilon}\left(\frac{2r_0}{x}\right) \tag{4.28}$$

根据阿尔伯逊等人的实验结果，$\varepsilon = 0.114$，得

$$u_m = 12.4u_0 \frac{r_0}{x} \tag{4.29}$$

式中：$x >$ 起始段长度 L_0。

根据起始段末端（$x = L_0$）处 $u_m/u_0 = 1$ 和式（4.29）可以得到起始段长度 $L_0 \approx 12.4r_0$。

将式（4.29）代入式（4.26），可得主体段射流体中的流速分布为

$$u(x, r) = 12.4u_0 \frac{r_0}{x} \exp\left(-\frac{r^2}{b_e^2}\right) \tag{4.30}$$

或

$$u(x, r) = 12.4u_0 \frac{r_0}{x} \exp\left(-\frac{r^2}{0.013x^2}\right)$$

2. 流量沿程分布

射流任意断面的流量为

$$Q = \int_0^{+\infty} u \times 2\pi r \, \mathrm{d}r = 2\pi \int_0^{+\infty} u_{\mathrm{m}} \exp\left(-\frac{r^2}{b_{\mathrm{e}}^2}\right) r \, \mathrm{d}r$$

$$= 2\pi u_{\mathrm{m}} \frac{b_{\mathrm{e}}^2}{2} \int_0^{+\infty} \exp\left(-\frac{r^2}{b_{\mathrm{e}}^2}\right) \mathrm{d}\left(-\frac{r^2}{b_{\mathrm{e}}^2}\right) = \pi u_{\mathrm{m}} b_{\mathrm{e}}^2 \tag{4.31}$$

出口流量为

$$Q_0 = \pi u_0 r_0^2 \tag{4.32}$$

则由式（4.31）和式（4.32）可得流量比为

$$\frac{Q}{Q_0} = \frac{\pi u_{\mathrm{m}} b_{\mathrm{e}}^2}{\pi u_0 r_0^2} = \frac{\varepsilon^2 x^2}{r_0^2} \frac{u_{\mathrm{m}}}{u_0} \tag{4.33}$$

同样，Q/Q_0 也是示踪物质的断面平均稀释度。将式（4.28）和 $\varepsilon = 0.114$ 代入式（4.33），最后得到

$$S = \frac{Q}{Q_0} = 0.16 \frac{x}{r_0} \tag{4.34}$$

3. 示踪物质的浓度分布

实验表明，圆形断面淹没射流的浓度分布仍可采用高斯正态分布形式，即

$$C = C_{\mathrm{m}} \exp\left(-\frac{r^2}{\lambda^2 b_{\mathrm{e}}^2}\right) \tag{4.35}$$

由射流任意断面示踪物质的质量通量守恒可知，对于圆形断面射流

$$\int_0^{+\infty} Cu \times 2\pi r \, \mathrm{d}r = C_0 u_0 \pi r_0^2 \tag{4.36}$$

代入式（4.26）和式（4.35）对上式左边进行积分，得

$$\int_0^{+\infty} Cu \times 2\pi r \, \mathrm{d}r = 2\pi \int_0^{+\infty} C_{\mathrm{m}} \exp\left(-\frac{r^2}{\lambda^2 b_{\mathrm{e}}^2}\right) u_{\mathrm{m}} \exp\left(-\frac{r^2}{b_{\mathrm{e}}^2}\right) \frac{1}{2} \mathrm{d}(r^2)$$

$$= \frac{\pi \lambda^2}{1 + \lambda^2} C_{\mathrm{m}} u_{\mathrm{m}} b_{\mathrm{e}}^2 \tag{4.37}$$

由式（4.36）并考虑式（4.28）和线性扩展关系 $b_{\varepsilon} = \varepsilon x$，可得

$$\frac{C_{\mathrm{m}}}{C_0} = \frac{1 + \lambda^2}{\sqrt{2} \lambda^2 \varepsilon} \left(\frac{r_0}{x}\right) \tag{4.38}$$

对于圆形断面射流，由实验观察知 $\lambda = 1.12$，$\varepsilon = 0.114$，代入式（4.38）得到

$$C_{\mathrm{m}} = 11.15 C_0 \left(\frac{r_0}{x}\right) \tag{4.39}$$

则轴线稀释度为

$$S_{\mathrm{m}} = \frac{C_0}{C_{\mathrm{m}}} = 0.09 \frac{x}{r_0} \tag{4.40}$$

将式（4.39）代入式（4.35），可得射流断面上浓度分布为

$$C(x, r) = 11.15 C_0 \left(\frac{r_0}{x}\right) \exp\left(-\frac{r^2}{\lambda^2 b_{\mathrm{e}}^2}\right) \tag{4.41}$$

或

$$C(x, r) = 11.15 C_0 \left(\frac{r_0}{x}\right) \exp\left(-\frac{r^2}{0.016 x^2}\right)$$

这里需要说明的是，在对静水中等密度自由紊动射流的轴线流速 u_m、轴线浓度 C_m、射流半厚度 b、轴线稀释度 S_m 和断面平均稀释度 S 等特性参数的研究中，不同研究者通过不同的流速分布和试验，给出的各特性参数关系式中的系数并不完全相同，但形式是一样的。

4.4　羽流的基本规律

羽流的产生是由于连续的浮力源作用，其运动轨迹呈现羽状而得名。羽流的起始惯性力与浮力相比较小，进入环境以后靠浮力来促使其进一步运动和扩展，浮力起支配作用。在实际工程中，电厂排出的热水在河流、湖泊冷水中的流动，淡水在盐水中的流动多属于此种类型；污水通过海底管网系统排入海洋，在出水量偏小且出口流速偏低时也会呈现羽流状态；而对于出口流速较大的浮射流，在近区主要是动量起决定作用，在离开排放口较远的距离后，初始动量已不起作用，故在远区射流的性质也趋近于羽流。因此，讨论羽流的运动有实际意义。

4.4.1　密度弗劳德数和布西涅斯克近似

1. 密度弗劳德数

在研究羽流的运动特性之前，首先介绍衡量射流、羽流的重要参数。在紊动射流的运动中，惯性力与浮力的比例关系起决定作用，这两种力的相对作用可以用密度弗劳德数（densimetric Froude number）来衡量，这样可以对各种流动进行定量区分。

$$F_d = \frac{u}{\sqrt{\dfrac{\rho_a - \rho}{\rho_a} g L}} = \frac{u}{\sqrt{g^* L}} \tag{4.42}$$

式中：u 为射流的特征流速；L 为射流的特征长度（对于平面射流 L 等于射流厚度 $2b$；对于圆形断面射流 L 等于射流直径 d）；ρ 为射流的密度；ρ_a 为周围流体的密度；g 为重力加速度；g^* 为折减重力加速度，定义为 $g^* = \dfrac{\rho_a - \rho}{\rho_a} g = \dfrac{\Delta \rho}{\rho_a} g$。

当密度弗劳德数较大时，惯性力起主导作用，射流的出口流速决定射流的性质。这种情况的极限是出口断面的密度弗劳德数 $F_{d_0} = +\infty$，浮力为 0，为动量射流。反之，当密度弗劳德数较小时，浮力起主导作用，浮力决定射流的性质。它的极限情况是密度弗劳德数 $F_{d_0} = 0$，为羽流。因此，密度弗劳德数是分析研究射流运动的一个重要参数。

2. 布西涅斯克近似

羽流的产生是由于射流与周围环境流体之间存在密度差，且初始动量很小，使得射流在浮力作用下流动和扩展。在羽流继续运动的过程中，由于紊动而发生了对周围液体的卷吸作用，密度不断发生变化，在同一横断面内的分布也不均匀，所以羽流是一种变密度流。

由于变量 ρ 的加入，变密度射流运动的分析比等密度射流复杂得多。为了简化分析，常将变密度流按照不可压缩流体来处理。在一般密度相差不大的情况下，通常采用布西涅斯克近似（Boussinesq's approximation），即只在质量力项计算浮力时要考虑密度变化，而在运动方程的其他各项（如惯性力项、黏滞力项等）都把密度视为常数。布西涅斯克近似是分析羽流的常用假设。

当质量力仅为重力时，纳维－斯托克斯方程（Navier-Stokes equations）可表示为

$$\rho \frac{Du}{Dt} = -\frac{\partial p}{\partial z} + \rho g + \mu \nabla^2 u \tag{4.43}$$

若 p 和 ρ 都以静平衡时的值 p_0 和 ρ_0 为参考状态，令 $p = p_0 + \Delta p$ ，$\rho = \rho_0 + \Delta \rho$ ，并考虑到静止时有 $\frac{\partial p_0}{\partial z} = \rho_0 g$ 的关系，于是运动方程式（4.43）变为

$$\rho \frac{Du}{Dt} = -\frac{\partial(\Delta p)}{\partial z} + \Delta \rho g + \mu \nabla^2 u \tag{4.44}$$

或

$$\left(1 + \frac{\Delta \rho}{\rho_0}\right) \frac{Du}{Dt} = -\frac{1}{\rho_0} \frac{\partial(\Delta p)}{\partial z} + \frac{\Delta \rho}{\rho_0} g + \frac{\mu}{\rho_0} \nabla^2 u \tag{4.45}$$

采用布西涅斯克近似，由于在密度差很小时 $\frac{\Delta \rho}{\rho_0} \approx 0$ ，故在上式左边的惯性力项中可忽略 $\Delta \rho$ ；但对于等式右边的第二项（浮力项），$\Delta \rho$ 是主要的，其他各项中的密度均可视为常数，由此可得到简化后的运动方程为

$$\frac{Du}{Dt} = -\frac{1}{\rho_0} \frac{\partial(\Delta p)}{\partial z} + \frac{\Delta \rho}{\rho_0} g + \frac{\mu}{\rho_0} \nabla^2 u \tag{4.46}$$

因为连续性方程不涉及任何力，所以在布西涅斯克近似条件下，连续性方程的形式仍和等密度情况相同。

3. 羽流比浮力通量守恒

在羽流情况下，动量不再守恒，而是因浮力的作用不断沿程增加。但对于周围流体为均质的情况，羽流的比浮力通量（即单位密度浮力通量）是守恒的，这是其重要性质之一，可以证明如下。

在羽流的任意断面上，比浮力通量为

$$B = \int_A g \frac{\Delta \rho}{\rho_a} u \, dA = g \int_A \frac{\Delta \rho}{\rho_a} dQ \tag{4.47}$$

式中：$\Delta \rho = \rho_a - \rho$ ，ρ 为射流的密度，ρ_a 为周围流体的密度。

假设任意断面上单位体积混合流体中有喷出的流体 ΔV ，则该点的稀释度为

$$S = \frac{1}{\Delta V} = \frac{C_0}{C} \tag{4.48}$$

式中：C 为该点的浓度。该点的混合流体密度为

$$\rho = \rho_a(1 - \Delta V) + \Delta V \rho_0 = \rho_a - \Delta V(\rho_a - \rho_0) = \rho_a - \Delta V \Delta \rho_0 \tag{4.49}$$

得

$$\Delta \rho = \rho_a - \rho = \Delta V \Delta \rho_0 \tag{4.50}$$

式中：ρ_0 为射流出口断面起始密度。将式（4.48）代入上式得到

$$\Delta \rho = \frac{C}{C_0} \Delta \rho_0 \tag{4.51}$$

再将上式代入式（4.47）得到

$$B = g \frac{\Delta\rho_0}{\rho_a} \int_A \frac{C}{C_0} \mathrm{d}Q \tag{4.52}$$

再根据物质守恒定律，各断面上的示踪物质通量不变，即

$$\int_A Cu\,\mathrm{d}A = \int_A C\,\mathrm{d}Q = C_0 Q_0 \tag{4.53}$$

最后可以得到

$$B = \int_A g \frac{\Delta\rho}{\rho_a} u\,\mathrm{d}A = g \frac{\Delta\rho_0}{\rho_a} Q_0 = B_0 \tag{4.54}$$

式中：Q_0 为出口断面起始流量。

4.4.2　点源羽流

由一个出口形成的羽流可以看作是点源羽流，因为羽流完全是在铅垂方向的浮力作用下形成的，其初始速度可以近似地看作为 0，故在通常情况下出口的大小和形状对羽流的形成和运动的影响可以忽略。在静止环境中从点源发生的羽流具有轴对称流动的性质，分析时采用柱坐标系：轴向坐标为 z，径向坐标为 r，轴向时均流速为 u，如图 4.3 所示。

控制羽流流动的基本方程包括连续方程、动量方程、含有物或热量的守恒方程以及表征流体密度和温度之间关系的状态方程等。由于控制方程组中包含有脉动量的二阶相关项 $\overline{u'v'}$ 和 $\overline{u'\Delta C'}$ 等，从理论上分析要求采用相应的紊流模式。实际工程中常采用一些合理的假定，通过积分方程来求解羽流的有关参数。下面就介绍这种积分方法。

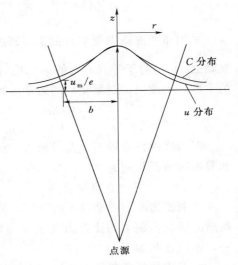

图 4.3　点源浮力羽流

1. 基本假定和基本控制方程

（1）相似性假定。

虽然羽流和射流的原动力不同，但是它们有一些基本特征是相同的。羽流也存在起始段和主体段，在中心轴线上密度差与出口处密度差保持一致的为起始段，之后为主体段。在羽流的主体段，流速分布、温度差分布或浓度差分布均各具有相似性，而且密度差分布也可以用类似的自相似公式来表示。采用高斯正态分布，则有

流速分布为

$$u(z,r) = u_m \exp\left(-\frac{r^2}{b^2}\right) \tag{4.55}$$

浓度差分布为

$$\Delta C(z,r) = \Delta C_m \exp\left(-\frac{r^2}{\lambda^2 b^2}\right) \tag{4.56}$$

密度差分布为

$$\Delta\rho(z,r) = \Delta\rho_m \exp\left(-\frac{r^2}{\lambda^2 b^2}\right) \tag{4.57}$$

式中：u_m、ΔC_m、$\Delta\rho_m$ 分别是断面中心处速度、浓度差和密度差；b 为浮力羽流断面的半厚度，是按照 $\dfrac{u}{u_m} = \dfrac{1}{e}$ 的位置定义的，即当 $r = b$ 时，该处的流速 $u = \dfrac{u_m}{e} = 0.368u_m$。

由实验得知 λ 是大于 1 的常数，表明浓度差或温度差的分布曲线比流速分布曲线平坦一些。

（2）卷吸假定。

羽流在运动过程中对周围流体的卷吸作用比射流还要强烈，可以运用卷吸假定：羽流从侧面卷吸流体的径向流速 v 和羽流的特征流速成正比，比例常数为卷吸系数 α。取断面中心流速 u_m 作为特征流速，则单位长度羽流的卷吸流量为

$$q' = 2\pi b\alpha u_m \tag{4.58}$$

式中：α 为卷吸系数。

2. 羽流特性参数的计算

利用以上的基本假定，可以推导出羽流的控制方程。

（1）从连续条件考虑，单位长度羽流的卷吸流量等于 z 轴方向羽流流量的沿程增加量，即

$$2\pi b\alpha u_m = \frac{d}{dz}\left(\int_0^{+\infty} u \times 2\pi r\, dr\right) \tag{4.59}$$

将式（4.55）代入式（4.59）右端，得到

$$\frac{d}{dz}\int_0^{+\infty} u_m \exp\left(-\frac{r^2}{b^2}\right) \times 2\pi r\, dr = \frac{d}{dz}(\pi u_m b^2) \tag{4.60}$$

由式（4.59）可得

$$\frac{d}{dz}(\pi u_m b^2) = 2\pi b\alpha u_m \tag{4.61}$$

（2）从动量方程考虑，z 轴方向上单位质量流体动量通量的沿程变化率等于单位质量流体在该方向单位流程上受力的总和。考虑到在周围流体为静止情况下，作用在流体上唯一的力就是浮力，而作用在当地单位体积上的浮力为 $\dfrac{\rho_a - \rho}{\rho_a}g$，故可以得到

$$\frac{d}{dz}\int_0^{+\infty} u^2 \times 2\pi r\, dr = \int_0^{+\infty} \frac{\rho_a - \rho}{\rho_a}g \times 2\pi r\, dr \tag{4.62}$$

将式（4.55）和式（4.57）代入上式，得到

$$\frac{d}{dz}\int_0^{+\infty} u_m^2 \exp^2\left(-\frac{r^2}{b^2}\right) \times 2\pi r\, dr = \int_0^{+\infty} g\frac{\Delta\rho_m}{\rho_a}\exp\left(-\frac{r^2}{\lambda^2 b^2}\right) \times 2\pi r\, dr \tag{4.63}$$

积分得到

$$\frac{d}{dz}\left(\frac{\pi}{2}u_m^2 b^2\right) = \pi\frac{\Delta\rho_m}{\rho_a}g\lambda^2 b^2 \tag{4.64}$$

（3）从质量守恒考虑，将式（4.55）和式（4.57）代入前面推出的羽流比浮力通量守

恒式，积分可以得到比浮力通量

$$B = \pi \frac{\lambda^2}{1+\lambda^2} u_m \frac{\Delta \rho_m}{\rho_a} g b^2 = 常数 \tag{4.65}$$

通过式（4.61）、式（4.64）和式（4.65）三个控制方程可以求解 u_m、b、$\Delta \rho_m$ 3 个未知函数，其中待定系数 λ 和 α 需由实验确定。

为了计算方便，在常微分方程式（4.61）和式（4.64）中可以分别定义与比浮力通量相对应的两个参量：比质量通量（即体积通量）和比动量通量（即单位密度动量通量）。

比质量通量定义为

$$Q = \int_A u \, \mathrm{d}A = \pi u_m b^2 \tag{4.66}$$

比动量通量定义为

$$m = \int_A u^2 \, \mathrm{d}A = \frac{\pi}{2} u_m^2 b^2 \tag{4.67}$$

则

$$u_m = \frac{2m}{Q} \tag{4.68}$$

将式（4.65）、式（4.66）和式（4.67）代入式（4.61）和式（4.64）得到

$$\frac{\mathrm{d}Q}{\mathrm{d}z} = 2\alpha \sqrt{2\pi m} \tag{4.69}$$

$$\frac{\mathrm{d}m}{\mathrm{d}z} = \frac{B(1+\lambda^2)}{2} \frac{Q}{m} \tag{4.70}$$

从而可得

$$\frac{\mathrm{d}^2 m^2}{\mathrm{d}z^2} = B(1+\lambda^2) 2\sqrt{2\pi} \alpha m^{\frac{1}{2}} \tag{4.71}$$

因为出口动量为零即 $m(0) = 0$，可设 $m(z)$ 的解为幂函数

$$m(z) = k z^n \tag{4.72}$$

代入式（4.71），微分得

$$k^2 \times 2n \times (2n-1) z^{2n-2} = 2\sqrt{2\pi} \alpha B(1+\lambda^2) k^{\frac{1}{2}} z^{\frac{n}{2}} \tag{4.73}$$

然后取两边 z 的指数和系数分别相等，可以求得

$$n = \frac{4}{3}; \quad k = \left(\frac{9}{40} A\right)^{\frac{2}{3}} \tag{4.74}$$

式中：

$$A = B(1+\lambda^2) 2\sqrt{2\pi} \alpha = 常数 \tag{4.75}$$

则由式（4.72），有

$$m(z) = \left(\frac{9}{40} A\right)^{\frac{2}{3}} z^{\frac{4}{3}} \tag{4.76}$$

再根据比浮力通量 B 是常数并利用 $Q_0 = 0$，最终得到

$$Q = \frac{6\alpha}{5} \sqrt{2\pi} \left(\frac{9}{40} A\right)^{\frac{1}{3}} z^{\frac{5}{3}} = \frac{6\alpha}{5} \sqrt{2\pi} m^{\frac{1}{2}} z \tag{4.77}$$

由式（4.68）知

$$u_{\mathrm{m}} = \frac{5}{3\alpha} \frac{1}{\sqrt{2\pi}} \left(\frac{9}{40}A\right)^{\frac{1}{3}} z^{-\frac{1}{3}} \qquad (4.78)$$

从而得

$$b = \frac{6\alpha}{5} z \qquad (4.79)$$

由式（4.65）得

$$\frac{\Delta\rho_{\mathrm{m}}}{\rho_{\mathrm{a}}} g = \frac{1+\lambda^2}{\pi\lambda^2} \frac{B}{u_{\mathrm{m}} b^2} = \frac{1+\lambda^2}{\lambda^2} \left(\frac{6\alpha}{5}\sqrt{2\pi}\right)^{-1} \left(\frac{9}{40}A\right)^{-\frac{1}{3}} B z^{-\frac{5}{3}} \qquad (4.80)$$

可见，$Q \propto z^{\frac{5}{3}}$，$m \propto z^{\frac{4}{3}}$，$u_{\mathrm{m}} \propto z^{-\frac{1}{3}}$，$\Delta\rho_{\mathrm{m}} \propto z^{-\frac{5}{3}}$，且 Q、m、u_{m} 和 $\Delta\rho_{\mathrm{m}}$ 都和常数 B 有关；$b \propto z$，说明从卷吸假定出发，同样可得到羽流厚度作线性扩展的结果。以上的分析是假定羽流从点源产生，但实际上羽流都是从有限的尺寸产生的，并且各起始通量都不为 0，即 $Q_0 \neq 0$，$m_0 \neq 0$。对于实际源产生的浮力羽流，将其看作是由实际源下面的一个虚拟源产生的，由于它们的距离很小，在实际运算中得到结果相差无几。

根据比浮力通量守恒原理，若已知起始断面 Q_0 和 $\Delta\rho_0$，则

$$B = B_0 = Q_0 \frac{\Delta\rho_0}{\rho_{\mathrm{a}}} g \qquad (4.81)$$

从而由式（4.65）和式（4.66）有

$$B = \frac{\lambda^2}{1+\lambda^2} \frac{\Delta\rho_{\mathrm{m}}}{\rho_{\mathrm{a}}} gQ \qquad (4.82)$$

将式（4.81）代入式（4.82），化简得到

$$\frac{\lambda^2}{1+\lambda^2} \Delta\rho_{\mathrm{m}} Q = \Delta\rho_0 Q_0 \qquad (4.83)$$

故根据密度差和浓度差之间的线性比例关系，浮力羽流轴线上的浓度与起始浓度之比为

$$\frac{\Delta C_{\mathrm{m}}}{\Delta C_0} = \frac{\Delta\rho_{\mathrm{m}}}{\Delta\rho_0} = \frac{1+\lambda^2}{\lambda^2} \frac{Q_0}{Q} = \frac{1+\lambda^2}{\lambda^2} \frac{5}{6\alpha} \frac{1}{\sqrt{2\pi}} \left(\frac{9}{40}A\right)^{-\frac{1}{3}} Q_0 z^{-\frac{5}{3}} \qquad (4.84)$$

这个比值的倒数就是轴线稀释度 S_{m}。

根据劳斯（Rouse, H.）等的实验资料，对于点源羽流，取 $\alpha = 0.085$ 和 $\lambda = 1.16$，由此可以确定各浮力羽流的特性参数。最后，由式（4.55）和式（4.56）得到主体段流速和其中的含有物浓度分布公式为

$$u(z,r) = \frac{5}{3\alpha} \frac{1}{\sqrt{2\pi}} \left(\frac{9}{40}A\right)^{\frac{1}{3}} z^{-\frac{1}{3}} \exp\left(-\frac{r^2}{b^2}\right) \qquad (4.85)$$

$$\Delta C(z,r) = \Delta C_0 \frac{1+\lambda^2}{\lambda^2} \frac{5}{6\alpha} \frac{1}{\sqrt{2\pi}} \left(\frac{9}{40}A\right)^{-\frac{1}{3}} Q_0 z^{-\frac{5}{3}} \exp\left(-\frac{r^2}{\lambda^2 b^2}\right) \qquad (4.86)$$

4.4.3 线源羽流

在实际工程中，线源羽流的分析应用比较广泛，比如从一个很长的水下扩散器排放污

水通常被视为线源问题。线源羽流可作为二维平面流动来处理。

与点源羽流的分析方法相同，断面上各个流动参数的变化采用正态分布，可以得到

$$q = (2\sqrt{2}\,\alpha k_{\mathrm{m}}')^{\frac{1}{2}} B^{\frac{1}{3}} z \qquad (4.87)$$

$$m = k_{\mathrm{m}}' B^{\frac{2}{3}} z \qquad (4.88)$$

$$u_{\mathrm{m}} = \sqrt{2}\,\frac{m}{q} = \left(\frac{k_{\mathrm{m}}'}{\sqrt{2}\,\alpha}\right)^{\frac{1}{2}} B^{\frac{1}{3}} \qquad (4.89)$$

$$b = \frac{q}{\sqrt{\pi}\,u_{\mathrm{m}}} = \sqrt{\frac{4}{\pi}}\,\alpha z \qquad (4.90)$$

$$\frac{\Delta\rho_{\mathrm{m}}}{\rho_{\mathrm{a}}} g = \sqrt{\frac{1+\lambda^2}{\pi\lambda^2}}\,\frac{B}{u_{\mathrm{m}} b} = \left[\frac{\sqrt{2}\,(1+\lambda^2)}{4\alpha k_{\mathrm{m}}'\lambda^2}\right]^{\frac{1}{2}} B^{\frac{2}{3}} z^{-1} \qquad (4.91)$$

$$\frac{\Delta C_{\mathrm{m}}}{\Delta C_0} = \frac{\Delta\rho_{\mathrm{m}}}{\Delta\rho_0} = \sqrt{\frac{2(1+\lambda^2)}{\pi\lambda^2}}\,\frac{q_0}{q} = \left[\frac{1+\lambda^2}{\pi\lambda^2(\sqrt{2}\,\alpha k_{\mathrm{m}}')}\right]^{\frac{1}{2}} Q_0 B^{-\frac{1}{3}} z^{-1} \qquad (4.92)$$

式中：q_0 为出口断面初始单宽流量；$k_{\mathrm{m}}' = \left[\sqrt{2}\,\alpha(1+\lambda^2)\right]^{\frac{1}{3}}$；$B = \dfrac{\Delta\rho_0}{\rho_{\mathrm{a}}} g q_0$。

根据劳斯（Rouse, H.）等的实验资料，对于线源浮力羽流，取 $\alpha = 0.13$，$\lambda = 1.24$。由此可以确定各浮力羽流的特性参数。

将上面推导出来的有关参数，代入密度弗劳德数的计算式中，可以得到当地密度弗劳德数为

$$F_{\mathrm{d}}(z) = \frac{u_{\mathrm{m}}}{\sqrt{\dfrac{\Delta\rho_{\mathrm{m}}}{\rho_{\mathrm{a}}} g b}} = \left(\frac{5}{4}\right)^{\frac{1}{2}} \frac{\lambda}{\sqrt{\alpha}} \qquad (4.93)$$

上式表明 F_{d} 仅与 λ 和 α 有关，这说明在整个羽流中，惯性力和浮力的比值保持不变，这个特性是所有羽流的一个重要特性。

4.5　浮射流的基本规律

在环境工程的废水排放和工业冷却水排放中的射流，一般既有一定的出口流速也同时受到浮力的作用，称为浮射流，是介于射流和羽流之间的情况。浮射流最初由动量控制，然后过渡到浮力控制。实际应用中把密度弗劳德数 $F_{\mathrm{d}} \in [1, \infty)$ 的流动当作浮射流处理。

垂直浮射流和水平浮射流是其中两种特殊的情况。根据实验资料，达到相同高度时，水平浮射流稀释度较大，因此污水排放应采用水平浮射流为宜。但是完全的水平排放可能出现对床面的冲刷等问题，故实际工程中都以与水平面成某一倾角排放。

浮射流的问题比动量射流和浮力羽流都要复杂，射流密度与环境密度的差异、环境流体是均质还是存在密度分层、静止还是流动等都对射流运动有很大影响，用解析法难以求得，通常采用近似的数值解或者实验结合量纲分析方法进行归纳。在下面的分析中，针对

无限空间均质流体中具有轴对称性质的圆形断面自由紊动浮射流进行介绍，而平面（二维）浮射流的分析原则和方法与圆形断面浮射流完全相同，只是数学表达略有不同；对于复杂条件下的浮射流仍以下面的方法为基础，在此都不再赘述。

最初对圆形断面浮射流进行研究的是李斯特等人，他们利用激光技术对垂直浮射流进行了精细的观测，发现圆形断面浮射流的流速分布和浓度分布也具有相似性，其流速场和浓度场也呈线性展宽；并且其轴线浓度和轴线稀释度的沿程变化，以及体积通量服从两段定律，即前段服从射流规律，后段服从浮力羽流规律，中间存在一个较短的过渡段，一般情况下可忽略。

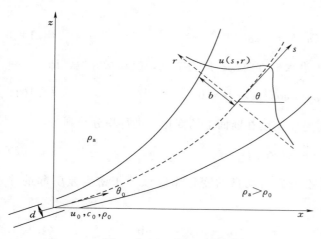

图 4.4　圆形断面浮射流

1. 基本假定

考虑静止流体中圆形断面的倾斜浮射流，轴线在 $x-z$ 平面上，取 $r-s$ 自然坐标系，s 为从起始断面沿射流轴线的距离，如图 4.4 所示。

因为圆形断面浮射流兼有射流和羽流两种流动的特征，所以可以采用和纯射流或羽流相类似的处理方法。例如，认为流体不可压缩；流场中动水压强遵循静止压强分布规律；由于流场中密度变化不大，除重力项之外，不考虑密度变化对惯性力等其他作用力的影响；由于射流轨迹的曲率较小，可不考虑曲率影响等。此外，浮射流的卷吸和掺混机理与射流、羽流相同，可以作如下假定。

（1）断面上流动特性参数的分布存在自相似性，且为高斯正态分布，则有流速分布为

$$u(s,r)=u_{\mathrm{m}}(s)\exp\left(-\frac{r^2}{b^2}\right) \tag{4.94}$$

浓度分布为

$$C(s,r)=C_{\mathrm{m}}(s)\exp\left(-\frac{r^2}{\lambda^2 b^2}\right) \tag{4.95}$$

浓度差分布为

$$\rho_{\mathrm{a}}-\rho(s,r)=\left[\rho_{\mathrm{a}}-\rho_{\mathrm{m}}(s)\right]\exp\left(-\frac{r^2}{\lambda^2 b^2}\right) \tag{4.96}$$

或

$$\Delta\rho(s,r)=\Delta\rho_{\mathrm{m}}(s)\exp\left(-\frac{r^2}{\lambda^2 b^2}\right) \tag{4.97}$$

式中：s 为从起始断面沿射流轴线的距离；r 为距原点为 s 的任意断面上某一点到轴线的距离；ρ_{m}、ρ 分别为该断面上轴线处和距轴线 r 处的流体密度；ρ_{a} 为周围环境流体的密度；C_{m}、C 分别为该断面上轴线处和距轴线 r 处的含有物浓度；λ 为实验常数。

（2）卷吸假定。单位长度的流量变化与横向紊动卷吸流量相等，即

$$Q_c = 2\pi b \alpha u_m \tag{4.98}$$

式中：α 为浮射流的横向卷吸系数。

2. 基本方程式

根据羽流特性参数的相似性假定和卷吸假定，可建立如下基本方程式。

（1）连续性方程。按照卷吸假定，有

$$\frac{dQ}{ds} = \frac{d}{ds}(\pi u_m b^2) = 2\pi b \alpha u_m \tag{4.99}$$

即

$$\frac{d}{ds}(u_m b^2) = 2\alpha b u_m \tag{4.100}$$

（2）水平 x 轴方向动量方程。因为沿水平方向没有压力变化，故动量守恒，即

$$\frac{d}{ds}\int_0^{+\infty} \rho u (u\cos\theta) 2\pi r \, dr = 0 \tag{4.101}$$

将式（4.94）代入式（4.101），并忽略密度在断面上的变化，进行积分得到

$$\frac{d}{ds}\left(\frac{u_m^2 b^2}{2}\cos\theta\right) = 0 \tag{4.102}$$

（3）铅垂 z 轴方向动量方程。沿铅垂方向动量的变化率应该等于密度差引起的浮力，即

$$\frac{d}{ds}\int_0^{+\infty} \rho u (u\sin\theta) 2\pi r \, dr = \int_0^{+\infty} (\rho_a - \rho) g \cdot 2\pi r \, dr \tag{4.103}$$

将式（4.94）、式（4.96）代入然后积分得到

$$\frac{d}{ds}\left(\frac{u_m^2 b^2}{2}\sin\theta\right) = \frac{\Delta\rho_m}{\rho_a} g \lambda^2 b^2 \tag{4.104}$$

（4）比浮力通量守恒方程。和羽流类似，对于浮射流也可以得出比浮力通量沿程不变，即

$$\frac{d}{ds}\int_0^{+\infty} u \rho_a g \times 2\pi r \, dr = 0 \tag{4.105}$$

积分后得到

$$\frac{d}{ds}(\Delta\rho_m u_m b^2) = 0 \tag{4.106}$$

（5）含有物质量守恒方程。浮射流中的示踪物质质量沿程不变，即

$$\frac{d}{ds}\int_0^{+\infty} C u \times 2\pi r \, dr = 0 \tag{4.107}$$

将式（4.94）、式（4.95）代入积分得到

$$\frac{d}{ds}(C_m u_m b^2) = 0 \tag{4.108}$$

（6）浮射流轨迹的几何特性。设在浮射流轴线上距原点距离 s 处，其直角坐标为 x、z，轴线在该点的切线与水平面的夹角为 θ，按照其几何性质有

$$\frac{\mathrm{d}x}{\mathrm{d}s} = \cos\theta \qquad\qquad (4.109)$$

$$\frac{\mathrm{d}z}{\mathrm{d}s} = \sin\theta \qquad\qquad (4.110)$$

3. 方程求解

从理论上说，根据以上 7 个关于浮射流性质的基本方程，可以求解 7 个未知量 u_m、C_m、$\Delta\rho_m$、b、x、z 和 θ。它们的起始断面边界条件为

$$u_m(0) = u_0，\quad C_m(0) = C_0，\quad \Delta\rho_m(0) = \Delta\rho_0，$$
$$b(0) = b_0，\quad x(0) = 0，\quad z(0) = 0，\quad \theta(0) = \theta_0 \qquad\qquad (4.111)$$

但实际上，要全部得出这 7 个微分方程的解析解非常困难，只能在给定的条件下求得近似数值解。例如，范乐年和布鲁克斯采用近似的积分法，取 $\alpha = 0.28$ 和 $\lambda = 1.16$，求出了各种不同的初始入射角 θ_0 和无量纲初始动量 m_0 情况下，圆形浮射流和平面浮射流的数值解，并将其制成数值计算曲线。查用相关的图表，可方便地计算出不同密度弗劳德数 F_{d_0} 的轴线轨迹、轴线稀释度、射流半厚度等。

第5章 河流水质模型

5.1 水质模型及其分类

5.1.1 水质模型概念

水质模型是描述水体中物质混合、输移、转化规律的数学模型总称；是以环境水力学基本理论为基础，根据物质守恒原理，建立水体中水质组分的浓度或质量随时间和空间变化的数学关系式。在一定的定解条件（初始条件和边界条件）下求解这些数学方程，可以实现对某个理论问题或工程实际问题的模拟研究。自 Streeter－Phelps 水质模型建立以来，水质模型作为水质规划和环境质量管理的有效工具在环境问题研究中的应用越来越广泛，特别是近几十年，在环境污染控制和水质规划研究中，水质模型显得尤为重要，利用水质模型进行河流、湖泊（水库）及河口等的水质规划已取得成功。

水质模型建立包括以下几个步骤。

（1）模型的建立。在对实际问题机理认识的基础上建立数学模型，用数学语言来描述系统中不同因素的环境行为、过程和功能及其相互关系；确定模拟范围内的边界条件数学表达式。

（2）参数筛选、率定。分析在模型的概化中所选定的各种参数是否合理。对参数进行灵敏度分析，对于灵敏度高的参数要特别注意，而那些不敏感的参数可以考虑删除。

（3）模型验证。一般普遍采用实验数据及实测数据对模型进行验证。

（4）实际应用。前面几步后确定的模型可以应用于实际工程中。

确定性的水质数学模型一般有描述水质组分的偏微分方程、初始条件和边界条件构成。偏微分方程是描述水质组分浓度在一定区域内任一点在任意时刻变化的微分表达式，如第2章中的分子扩散基本方程式，一般是通用表达式，因此有时又称为普适方程、泛定方程、控制方程或支配方程等。初始条件是指水质组分在初始时刻的浓度值或分布函数；边界条件是指水质组分在区域边界上随时间的变化情况；如果在边界上浓度随时间变化的函数是已知的，称为狄里克雷边界条件或第一类边界条件；如果水质组分通过边界的扩散通量是已知的，称为诺依曼边界条件或第二类边界条件；如果水质组分在边界上的浓度与扩散通量组合函数是已知，称为柯西边界或第三类边界条件。

5.1.2 水质模型分类

按建立模型的方法和求解的特点，可分为确定性模型和随机模型。前者为在适定的条件下给出确定的解答，这是本书主要研究的内容；后者为随机模型或采用随机数学或不确定性方法研究水质要素的时空变化。

从模拟的水质组分来说，可以分为单组分、多组分、耦合组分和水生生态模型等。

从使用管理角度来说，水质模型可分为江河模型、河口（受潮汐影响）模型、湖泊模型和水库模型、海洋模型等。

从数学表达式和输入条件是否随时间变化的角度来说，水质模型可分为稳态和非稳态两类。从水质模型的空间维数来说，虽然所有的真实系统都是三维的结构，但为了简化问题的分析，在使用上往往采用零维、一维或二维的水质模型。水质模型的空间维数，主要取决于所研究的范围及其水体中污染物的混合情况。对于中小型河流的模拟，应用一维模型就可以得到很好的结果；对于宽浅型江、河、湖等水域要应用二维模型；而在排污口附近等要应用三维模型。

从水环境系统中反应动力学的性质来说，还可以把水质模型分为物理模型、化学模型、生物模型及综合耦合模型等。当污染物为示踪物质（或称保守性物质），性质状态不会随时间发生改变时，可以建立物理模型（即纯输移模型），只考虑水动力条件对污染物浓度的影响。但是一般污染物在水体中会发生各种生物、化学变化，比较常见的化学模型是溶解氧模型、BOD - DO 模型、氮循环模型等；生物模型有藻类生长模型、大肠杆菌数学模型等。现在应用较多的是复合式（耦合）模型，如富营养化模型、综合水质模型和 QUAL - Ⅱ模型等。

5.1.3 河流水质模型发展过程

最早发展的水质模型是简单的氧平衡模型。1925 年，美国的两位工程师 Streeter 和 Phelps 在对 Ohio 河流污染源及其对生活污水造成影响的定量化研究中，提出了氧平衡模型的最初形式。该模型最初被应用于城市排水工程的设计和简单水体自净作用的研究。

水质模型自 20 世纪初诞生以来，人们对其发展阶段有许多不同的分类方法。叶常明把水质模型的发展分成 3 个阶段，即简单的氧平衡模型阶段、形态模型阶段和多介质环境综合生态模型阶段。而谢永明把水质模型的发展分成 5 个阶段：第一阶段为 1925—1960 年，这一阶段以 Streeter - Phelps 水质模型（S - P 模型）为代表，后来在其基础上发展了 BOD - DO 耦合模型，并应用于水质预测等方面；第二阶段为 1960—1965 年，在 S - P 模型的基础上又有了新的发展，空间变量、物理的、动力学系数、温度等作为状态变量被引入到一维河流和水库（湖泊）模型，同时考虑了空气和水表面的热交换，并将其用于比较复杂的系统；第三阶段为 1965—1970 年，不连续的一维模型扩展到其他输入源，计算机也成功应用到水质数学模型的研究，使其有了突破性的进展；第四阶段为 1970—1975 年，水质模型已发展成相互作用的线性化体系，并且开始进行生态水质模型的研究，有限元模型用于两维体系，有限差分技术应用于水质模型的计算；第五阶段为 1975 年至今，人们的注意力已逐渐地转移到改善模型的可靠性和评价能力的研究上，同时水质模型从单一组分模型向综合模型发展。

5.2 河流水质污染特性及基本运移方程

5.2.1 河流水质污染特性

河流是陆地上最重要的水体，城市和大工业区大都沿河建立，依靠河流提供水源，便于原料和产品的运输，同时还将河流作为废水排放场所。因此，在工业地区和人口密集城市的河流大多受到不同程度的污染。其污染情况主要有以下几个特点。

1. 污染程度随径流变化

河流污染程度轻重视河流的径流量与输入河中污水量的比值而异，此比值称为径污比。若径污比大，稀释能力强，河流的污染程度就轻，反之就重。河流的径流量随时间、季节等而变化，因此，污染程度也随之变化。

2. 污染影响范围广而大

河水是流动的，输移能力强，所以若上游遭到污染，就很快影响到下游。由于污染对水生生物生活习性（如鱼的回游）有影响，如一段河流受到污染，也可影响到该河段以下的河道环境。因此，河流污染影响范围不限于污染发生区，还可殃及下游地区，甚至可以影响到海洋。

河流是主要的饮用水源，河水中的污染物可以通过饮用水直接危害人类的健康。不但如此，河流中的污染物还可以通过食物链和通过河水灌溉农田造成间接危害。所以，河流的污染一定要受到控制与防治。

3. 河流的自净能力较强

废水或污染物进入河流后，污染与自净过程就同时开始。距排放口近的水域，污染过程是主要的，表现为水质恶化，形成严重污染区；而在相邻的下游水域，自净过程得到加强，污染过程强度有所减弱，表现为水质相对有所好转，形成中度或轻度污染区域；在轻度污染区域之下的水域，自净过程是主要的，表现为废水或污染物经河水物理、化学或生物作用，污染物质或被稀释或被分解或被吸附沉淀，水质恢复到正常状态。

5.2.2 河流基本水质模型

河流水质模型以不可压缩流体内携带物质在对流、扩散及源汇项作用下的质量平衡为基础建立。根据研究目标的不同和问题的复杂程度，可将实际的三维问题简化为零维、一维、二维等不同模型。

5.2.2.1 零维水质模型（箱式模型）及基本解

对于研究的一个水体，如一条河流或一个水库（湖泊），当内部各水团间是混合均匀的，可以认为流入到该体系的物质立即完全分散到整个体系，进而可以将整个水体看成一个完整的体系。对于这种封闭的连续流完全混合的反应体系的理想状态，根据质量守恒原理，有如下的质量平衡关系：

$$V_W \frac{dC}{dt} = Q_{in} C_{in} + Q_P C_P - QC + S - k_d C V_W \tag{5.1}$$

$$Q = Q_{in} + Q_P \tag{5.2}$$

式中：V_W 为水体体积，m^3；C 为水体内的污染物浓度，mg/L；C_P 为排污口排放浓度，mg/L；C_{in} 为入流污染物浓度，mg/L；Q_{in}、Q_P、Q 分别为入流流量、排入的污水流量和出流流量，m^3/s；S 为体系的其他源和汇，mg/d；k_d 为水体内污染物的生物化学反应系数或降解系数，$1/d$。

如果体系内无其他源和汇，即 $S=0$，则式（5.1）变成

$$V_W \frac{dC}{dt} = Q_{in} C_{in} + Q_P C_P - QC - k_d C V_W \tag{5.3}$$

当以溶解氧浓度为研究对象时，有

$$V_w \frac{dO}{dt} = Q_{in}O_{in} + Q_PO_P - QO + k_a(O_s - O)V_w \tag{5.4}$$

式中：k_a 为水体复氧系数，$1/d$；O 为体系内的溶解氧浓度，mg/L；O_P 为排污口排放污水中溶解氧浓度，mg/L；O_s 为饱和溶解氧浓度，mg/L；O_{in} 为入流溶解氧浓度，mg/L。

（1）稳态解（$dC/dt = 0$）。

当 $\frac{dC}{dt} = 0$，由式（5.3）可得

$$C = \frac{1}{Q + k_dV_w}(Q_{in}C_{in} + Q_pC_p) \tag{5.5}$$

当无污水入流（$Q_P = 0$）时，由式（5.5）并结合式（5.2）得到

$$C = \frac{Q}{Q + k_dV_w}C_{in} \tag{5.6}$$

当不考虑生物化学反应即 $k_1 = 0$ 时，由式（5.2）和式（5.3）有

$$C = \frac{Q_{in}C_{in} + Q_PC_P}{Q_{in} + Q_P} \tag{5.7}$$

（2）非稳态解。

设 $t = 0$ 时初始浓度为 C_0，由式（5.3）解得

$$C(t) = \frac{Q_{in}C_{in} + Q_PC_P}{Q + k_dV_w} + \left(C_0 - \frac{Q_{in}C_{in} + Q_PC_P}{Q + k_dV_w}\right)\exp\left(-\frac{Q + k_dV_w}{V_w}t\right) \tag{5.8}$$

若不考虑生物化学反应即 $k_d = 0$，则由式（5.8）得

$$C(t) = \frac{Q_{in}C_{in} + Q_PC_P}{Q} + \left(C_0 - \frac{Q_{in}C_{in} + Q_PC_P}{Q}\right)\exp\left(-\frac{Q}{V_w}t\right) \tag{5.9}$$

当以溶解氧浓度为研究对象时，设 $t = 0$ 时溶解氧初始浓度为 O_0，由式（5.4）解得

$$O(t) = \frac{Q_{in}O_{in} + Q_PO_P + k_aO_s}{Q + k_aV_w} + \left(O_0 - \frac{Q_{in}O_{in} + Q_PO_P + k_aO_s}{Q + k_aV_w}\right)\exp\left(-\frac{Q + k_aV_w}{V_w}t\right) \tag{5.10}$$

5.2.2.2 河流一维水质模型及其解

对于有侧向入流的非恒定流，水流连续方程可写为

$$\frac{\partial A}{\partial t} + \frac{\partial Q}{\partial x} = q \tag{5.11}$$

水流运动方程为

$$\frac{\partial Q}{\partial t} + \frac{\partial}{\partial x}\left(\beta\frac{Q^2}{A}\right) + gA\left(\frac{\partial Z}{\partial x} + J_f\right) + u_1q = 0 \tag{5.12}$$

式中：A 为过水面积，m^2；Q 为断面流量，m^3/s；Z 为断面平均水位，m；q 为单位河长旁侧入流，入流为正，出流为负，m^3/s；u_1 为单位流程上的侧向出流流速在主流方向上的分量，m/s；β 为动量校正系数；g 为重力加速度，m/s^2；J_f 为沿程摩阻坡降，通常可表达为 $J_f = \frac{n^2Q|Q|}{\left(A^2R^{\frac{4}{3}}\right)}$，其中 n 为河床糙率；R 为水力半径，m；x 为距离，m；t 为时间，s。

当污染物在横向上达到完全混合后，污染物输运方程为

$$\frac{\partial (AC)}{\partial t} + \frac{\partial (QC)}{\partial x} = \frac{\partial}{\partial x}\left(AD_\mathrm{m}\,\frac{\partial C}{\partial x}\right) - Ak_\mathrm{d}C + S \tag{5.13}$$

式中：C 为污染物浓度；D_m 为河段混（综）合扩散系数；k_d 为污染物降解系数；S 为源、汇项。

式（5.11）～式（5.13）成了单组分一维河流水质数学模型的基本方程组，在稳态情况或河流横断面面积为常数时，水质方程式（5.13）可进一步简化并求解。

当河流横断面面积为常数且系统内无源汇，即 A 为常数，$S=0$ 时，方程可变为

$$\frac{\partial C}{\partial t} + u_x\,\frac{\partial C}{\partial x} = D_\mathrm{m}\,\frac{\partial^2 C}{\partial x^2} - k_\mathrm{d}C \tag{5.14}$$

式中：u_x 为 x 方向的流速。与式（5.13）相比，在方程式（5.14）右端多了生化反应项。

（1）稳态解。

当均匀河段处于定常排污条件，而河流流速和河水中污染物浓度处于稳定时，$\dfrac{\partial C}{\partial t}=0$，式（5.14）可变为

$$\frac{\mathrm{d}^2 C}{\mathrm{d}x^2} - \frac{u_x}{D_\mathrm{m}}\,\frac{\mathrm{d}C}{\mathrm{d}x} - \frac{k_\mathrm{d}}{D_\mathrm{m}}C = 0 \tag{5.15}$$

给定边界条件：$x=0$，$C=C_0$ 和 $x=\pm\infty$，$C=0$ 时式（5.15）的解析解为

$$C(x) = C_0 \exp\left(\frac{xu_x}{2D_\mathrm{m}}\right)\exp\left(-\frac{xu_x}{2D_\mathrm{m}}\sqrt{1+\frac{4k_\mathrm{d}D_\mathrm{m}}{u_x^2}}\right) \tag{5.16}$$

对不受潮汐影响的稳态河流，其分散作用影响很小，可以忽略（$D_\mathrm{m}=0$），即

$$u_x\,\frac{\mathrm{d}C}{\mathrm{d}x} + k_\mathrm{d}C = 0 \tag{5.17}$$

式（5.17）的解析解为

$$C(x) = C_0 \exp\left(-\frac{k_\mathrm{d}x}{u_x}\right) \tag{5.18}$$

（2）非稳态解。

连续点源恒定排放，其初始条件和边界条件如下：

$$C(x,0)=0, \qquad x>0$$
$$C(0,t)=C_0, \qquad t>0$$
$$C(\infty,t)=0, \qquad t>0$$

此种条件下式（5.14）的解析解为

$$C(x,t) = \frac{C_0}{2}\exp\left(\frac{xu_x}{2D_\mathrm{m}}\right)\left\{\exp\left[-\frac{xu_x}{2D_\mathrm{m}}\sqrt{1+\frac{4k_\mathrm{d}D_\mathrm{m}}{u_x^2}}\right]\mathrm{erfc}\left[\frac{x-t\sqrt{u_x^2+4k_\mathrm{d}D_\mathrm{m}}}{\sqrt{4D_\mathrm{m}t}}\right]\right.$$

$$\left. + \exp\left[\frac{xu_x}{2D_\mathrm{m}}\sqrt{\frac{1+4k_\mathrm{d}D_\mathrm{m}}{u_x^2}}\right]\mathrm{erfc}\left[\frac{x+t\sqrt{u_x^2+4k_\mathrm{d}D_\mathrm{m}}}{\sqrt{4D_\mathrm{m}t}}\right]\right\} \tag{5.19}$$

若不考虑生物化学反应即 $k_1=0$，则由式（5.19）得

$$C(x,t) = \frac{C_0}{2}\left[\text{erfc}\left(\frac{x - u_x t}{\sqrt{4D_m t}}\right) + \exp\left(\frac{xu_x}{D_m}\right)\text{erfc}\left(\frac{x + u_x t}{\sqrt{4D_m t}}\right) \right] \tag{5.20}$$

瞬时平面源排放。设在河流起始断面（面积为 A）处，在 $t=0$ 时突然瞬时均匀投放质量为 M 的污染物，其初始条件和边界条件如下：

$$C(x,0) = 0, \qquad x > 0$$
$$C(0,t) = M\delta(t), \qquad t \geqslant 0$$
$$C(\infty,t) = 0, \qquad t > 0$$
$$\delta(t) = \begin{cases} 1, & t = 0 \\ 0, & t \text{ 为其他} \end{cases}$$

此种条件下式（5.14）的解析解为

$$C(x,t) = \frac{M}{A\sqrt{4\pi D_m t}}\exp\left[-\frac{(x - u_x t)^2}{4D_m t} - k_d t \right] \tag{5.21}$$

5.2.2.3　河流二维水质模型及其解

二维水流的方程有平面二维和垂向二维之分，需要根据水体环境的具体情况和模拟的精度要求采用不同的方程进行模拟。

1. 平面二维河流水质模型

平面二维指流速沿水深均匀分布，且只有沿平面方向的变化。

水流连续方程为

$$\frac{\partial h}{\partial t} + \frac{\partial(u_x h)}{\partial x} + \frac{\partial(u_y h)}{\partial y} = 0 \tag{5.22}$$

式中：h 为水深，m；x、y 分别为纵向和横向坐标，m；u_x、u_y 分别为纵向和横向上的垂向平均流速，m/s。

水流运动方程为

$$\frac{\partial u_x}{\partial t} + u_x\frac{\partial u_x}{\partial x} + u_y\frac{\partial u_x}{\partial y} = v_x\left(\frac{\partial^2 u_x}{\partial x^2} + \frac{\partial^2 u_x}{\partial y^2}\right) - g\frac{\partial(h + z_b)}{\partial x} - gn^2 u_x\frac{\sqrt{u_x^2 + u_y^2}}{h^{\frac{4}{3}}}$$
$$\tag{5.23}$$

$$\frac{\partial u_y}{\partial t} + u_x\frac{\partial u_y}{\partial x} + u_y\frac{\partial u_y}{\partial y} = v_y\left(\frac{\partial^2 u_y}{\partial x^2} + \frac{\partial^2 u_y}{\partial y^2}\right) - g\frac{\partial(h + z_b)}{\partial y} - gn^2 u_y\frac{\sqrt{u_x^2 + u_y^2}}{h^{\frac{4}{3}}}$$
$$\tag{5.24}$$

式中：z_b 为河底高程，m；v_x、v_y 分别为纵向和横向紊动黏性系数，m^2/s。

污染物输运方程为

$$\frac{\partial(hC)}{\partial t} + \frac{\partial(hu_x C)}{\partial x} + \frac{\partial(hu_y C)}{\partial y} = \frac{\partial}{\partial x}\left(hD_{mx}\frac{\partial C}{\partial x}\right) + \frac{\partial}{\partial y}\left(hD_{my}\frac{\partial C}{\partial y}\right) + S - k_d C$$
$$\tag{5.25}$$

式中：D_{mx}、D_{my} 分别为纵向和横向混合扩散系数，m^2/s；S 为源、汇项。

2. 垂向二维河流水质模型

垂向二维指水流仅有铅垂向及一个平面坐标（x 或 y）方向的分量，例如水深较大但库面较窄的水库等的流场。

水流连续方程为

$$\frac{\partial(Bu_x)}{\partial x}+\frac{\partial(Bu_z)}{\partial z}=0 \tag{5.26}$$

式中：B 为河宽，m；u_x、u_z 分别为平均流速的纵向分量和垂向分量，m/s。

水流运动方程为

$$\frac{\partial(Bu_x)}{\partial t}+\frac{\partial(Bu_x U_x)}{\partial x}+\frac{\partial(Bu_x u_z)}{\partial z}=-\frac{B}{\rho_0}\frac{\partial p}{\partial x}+\frac{\partial}{\partial x}\left(Bv_x\frac{\partial u_x}{\partial x}\right)+\frac{\partial}{\partial z}\left(Bv_z\frac{\partial u_x}{\partial z}\right)-\frac{\tau_{\omega x}}{\rho} \tag{5.27}$$

$$\frac{\partial p}{\partial z}=-\rho g \tag{5.28}$$

式中：$\tau_{\omega x}$ 为河流边壁阻力，N/m^2；ρ 为水体密度，kg/m^3；p 为压强，N/m^2。

污染物输运方程为

$$\frac{\partial(BC)}{\partial t}+\frac{\partial(Bu_x C)}{\partial x}+\frac{\partial(Bu_z C)}{\partial z}=\frac{\partial}{\partial x}\left(BD_{mx}\frac{\partial C}{\partial x}\right)+\frac{\partial}{\partial z}\left(BD_{mz}\frac{\partial C}{\partial z}\right)+S-k_d C \tag{5.29}$$

式中：D_{mx}、D_{mz} 分别为纵向和垂向混合扩散系数，m^2/s；其余符号意义同前。

3. 基本解

污水进入河道后，不能在短距离内达到全断面浓度混合均匀的河流均应采用二维水质模型。

对于天然河流，横向流速很小可以忽略，在恒定水深、边界条件均匀不考虑源汇项的条件下，平面二维水质模型基本方程可简化为

$$\frac{\partial C}{\partial t}+u_x\frac{\partial C}{\partial x}=D_{mx}\frac{\partial^2 C}{\partial x^2}+D_{my}\frac{\partial^2 C}{\partial y^2}-\frac{k_d}{h}C \tag{5.30}$$

对于水质稳定即 $\partial C/\partial t=0$，如果是顺直河段，且水流为均匀流，纵向扩散也很小，可以忽略 u_y 和 D_{mx}，则方程式（5.30）可化简为

$$D_{my}\frac{\partial^2 C}{\partial y^2}-u_x\frac{\partial C}{\partial x}-\frac{k_d}{h}C=0 \tag{5.31}$$

（1）无边界水体瞬时点源排放条件下的水质解析解。

在无限宽水体均匀流场中，沿铅直方向瞬时排放质量为 M 的点源，非稳态方程式（5.30）的解为

$$C(x,y)=\frac{M}{4\pi ht\sqrt{D_{mx}D_{my}}}\exp(-k_d t)\exp\left[-\frac{(x-u_x t)^2}{4D_{mx}t}-\frac{y^2}{4D_{my}t}\right] \tag{5.32}$$

稳态方程式（5.31）的解析解为

$$C(x,y)=\frac{M}{Bh\sqrt{4\pi D_{my}x/u_x}}\exp\left(-\frac{k_d x}{u_x}\right)\exp\left(-\frac{u_x y^2}{4D_{my}x}\right) \tag{5.33}$$

（2）有边界水体瞬时点源排放条件下的水质解析解。

在有边界的条件下，污染物的扩散会由于受到边界的阻碍而产生反射，这种反射可以

通过运用第二章已学的影像源法原理来分析。例如，一侧边界污染源在河岸侧排放，稳态方程式（5.31）的解析解为

$$C(x,y) = \frac{2M}{Bh\sqrt{4\pi D_{my}x/u_x}}\exp\left(-\frac{u_xy^2}{4D_{my}x}\right)\exp\left(-\frac{k_dx}{u_x}\right) \tag{5.34}$$

比较式（5.33）和式（5.34）可知，对于全反射的边界（不考虑边界对污染物的吸附作用），污染物浓度是没有反射时的两倍。

5.2.2.4 河流三维水质模型及其解

对于定常的流速场，水流连续方程为

$$\frac{\partial u_x}{\partial x} + \frac{\partial u_y}{\partial y} + \frac{\partial u_z}{\partial z} = 0 \tag{5.35}$$

水流运动方程为

$$\frac{\partial u_x}{\partial t} + u_x\frac{\partial u_x}{\partial x} + u_y\frac{\partial u_x}{\partial y} + u_z\frac{\partial u_x}{\partial z} = -\frac{1}{\rho}\frac{\partial p}{\partial x} + \nu\nabla^2 u_x - \left(\frac{\partial \overline{u_x'u_x'}}{\partial x} + \frac{\partial \overline{u_x'u_y'}}{\partial y} + \frac{\partial \overline{u_x'u_z'}}{\partial z}\right) \tag{5.36}$$

$$\frac{\partial u_y}{\partial t} + u_x\frac{\partial u_y}{\partial x} + u_y\frac{\partial u_y}{\partial y} + u_z\frac{\partial u_y}{\partial z} = -\frac{1}{\rho}\frac{\partial p}{\partial y} + \nu\nabla^2 u_y - \left(\frac{\partial \overline{u_y'u_x'}}{\partial x} + \frac{\partial \overline{u_y'u_y'}}{\partial y} + \frac{\partial \overline{u_y'u_z'}}{\partial z}\right) \tag{5.37}$$

$$\frac{\partial u_z}{\partial t} + u_x\frac{\partial u_z}{\partial x} + u_y\frac{\partial u_z}{\partial y} + u_z\frac{\partial u_z}{\partial z} = -\frac{1}{\rho}\frac{\partial p}{\partial z} + \nu\nabla^2 u_z - \left(\frac{\partial \overline{u_z'u_x'}}{\partial x} + \frac{\partial \overline{u_z'u_y'}}{\partial y} + \frac{\partial \overline{u_y'u_z'}}{\partial z}\right) \tag{5.38}$$

式中：u_x、u_y、u_z 均为时均流速在 x、y、z 方向上的分量；u_x'、u_y'、u_z' 均为脉动流速在 x、y、z 方向上的分量。

污染物输运方程为

$$\frac{\partial C}{\partial t} + u_x\frac{\partial C}{\partial x} + u_y\frac{\partial C}{\partial y} + u_z\frac{\partial C}{\partial z} = \left[\frac{\partial}{\partial x}\left(D_{mx}\frac{\partial C}{\partial x}\right) + \frac{\partial}{\partial y}\left(D_{my}\frac{\partial C}{\partial y}\right)\right.$$
$$\left. + \frac{\partial}{\partial z}\left(D_{mz}\frac{\partial C}{\partial z}\right)\right] - k_dC + S \tag{5.39}$$

式中：D_{mx}、D_{my}、D_{mz} 分别为 x、y、z 方向上的混合扩散系数；S 为源、汇项。

从理论上说，如果已知三维流场、扩散系数、水质组分的动力学反应及负荷，在适当的初、边值条件下就可以求解方程（5.36）。但在实际工作中，直接求解三维水质方程较为困难，因此，通常是结合河流的水文水质条件和研究的目的、精度要求等，将三维方程简化为一维或二维方程来描述河流中水质组分的输移、转化规律。

5.3 河水中溶解氧与有机物降解模型

5.3.1 水体耗氧、复氧机理

水体中有一大类耗氧有机物，主要包括碳水化合物、蛋白质、油脂、氨基酸、脂类等有机物质。这些物质在被水体中的微生物分解过程中，要消耗水中的溶解氧（DO）。

水质检测中常以总有机碳（TOC）、总需氧量（TOD）两项参数表示水中溶解性有机物的总量。生化需氧量（BOD）表示水中可被生物降解的有机物数量，化学需氧量（COD）表示用不同的氧化剂在规定的条件下测定水中可被氧化的物质需氧量的总和。耗氧有机物可造成水体溶解氧缺乏，影响水中鱼类和其他水生生物的生长，威胁其生存。水中溶解氧耗尽后，有机物将转入厌氧分解，产生硫化氢、氨和硫醇等物质，气味难闻、水色变黑、水质恶化，除了厌氧微生物之外，其他生物都不能生存，使水体丧失应有的正常功能。

1. 水体耗氧

废水进入河流后，随着污染物在水体中的迁移，由于下列几种原因而消耗河水中的溶解氧：河水中的有机化合物（含碳化合物、含氮化合物）被氧化而引起的耗氧；晚间光合作用停止时，由于水生植物（如藻类）的呼吸作用而耗氧；废水中其他还原性物质（包括河床底泥中的有机物在缺氧条件下，发生厌氧分解，产生有机酸、甲烷、二氧化碳和氨等还原性气体释放到水中）引起水体的耗氧。

（1）有机物的耗氧。水中的有机物总耗氧量等于碳化耗氧量和硝化耗氧量之和。

$$Y_O = Y_C + Y_N \tag{5.40}$$

式中：Y_O 为总耗氧量；Y_C、Y_N 分别为碳化耗氧量和硝化耗氧量。而

$$Y_C = L_{0,C} - L_C = L_{0,C}(1 - e^{-k_{d,C}t}) \tag{5.41}$$

$$Y_N = L_{0,N}(1 - e^{-k_{d,N}t}) \tag{5.42}$$

式中：$L_{0,C}$、$L_{0,N}$ 分别为碳化需氧量和硝化需氧量初始浓度；L_C 为碳化需氧量浓度；$k_{d,C}$ 和 $k_{d,N}$ 分别为碳化需氧量和硝化需氧量的衰减系数或有机物降解系数，1/d。

硝化耗氧量由氨氮转化为亚硝酸盐氮的耗氧量和亚硝酸盐氮转化为硝酸盐氮的耗氧量组成。

（2）水生植物呼吸耗氧。水体中的藻类和其他水生植物在光合作用停止后的呼吸作用需要消耗水中的溶解氧，其耗氧速率为

$$\frac{dY_P}{dt} = -k_P \tag{5.43}$$

式中：Y_P 为水生植物耗氧量，mg/L；k_P 为水生植物呼吸耗氧速率系数，mg/(L·d)。

（3）水体底泥耗氧。目前，对底泥耗氧的机理尚未完全了解清楚。但水体底泥耗氧主要是由两方面因素引起的：底泥表层中的耗氧污染物返回到水中耗氧；底泥表层耗氧物质的氧化分解耗氧。

$$\frac{dY_S}{dt} = -k_S \tag{5.44}$$

式中：Y_S 为底泥耗氧量，mg/L；k_S 为底泥耗氧速率系数，mg/(L·d)。

2. 水体复氧

遭受污染的河水中氧气不断地消耗，同时也会得到补充，称为复氧。河水中补充溶解氧的来源有：①上游河水补充溶解氧；②大气复氧：河水流动时，掺混大气中的氧气补充水体中的溶解氧；③光合作用复氧：水体中光合自养型水生植物（如藻类）白天通过光合作用放出氧气，溶于水中补充氧气。这里主要介绍大气复氧和光合作用复氧。

（1）大气复氧量的计算。由于大气复氧作用引起水中溶解氧含量的变化可表达为

$$\frac{\mathrm{d}O}{\mathrm{d}t} = \frac{\mathrm{d}D}{\mathrm{d}t} = -k_a D \qquad (5.45)$$

式中：O 为水中的当前溶解氧；$D = O_s - O$ 称为水中溶解氧的氧亏；O_s 为水中饱和溶解氧，它是水温、盐度和大气压力的函数；k_a 称为大气复氧系数。

水温对大气复氧系数有一定影响，有如下关系：

$$k_{a,T} = k_{a,20}\theta_r^{T-20} \qquad (5.46)$$

式中：$k_{a,T}$ 为在水温 T（℃）时的大气复氧系数；θ_r 为温度修正系数，其值介于 $1.015 \sim 1.047$ 之间，通常取值 1.024；$k_{a,20}$ 为在20℃时的大气复氧系数。

（2）光合作用复氧。欧康纳认为光合作用的复氧速率随着光照强弱的变化而变化，中午光照最强时的产氧速率最快，夜晚没有光照时产氧速率为零。取产氧速率为一天中的平均值（即将产氧速率取为一个常数），建立时间平均模型：

$$\frac{\partial O}{\partial t} = p \qquad (5.47)$$

式中：p 为产氧速率，$\mathrm{mg/(L \cdot d)}$。

5.3.2　溶解氧与有机物降解模型

1. Streeter - Phelps 模型

1925 年，H. Streeter 和 E. Phelps 在研究美国俄亥俄河污染问题时，提出了描述一维河流中生化需氧量（BOD）和溶解氧量（DO）消长变化规律的模型——S-P 模型。目前适用的许多水质模型都是在 S-P 模型的基础上加以修正获得的。

S-P 模型是建立在如下基本假设基础上：只考虑有厌氧微生物参与的 BOD 衰变反应，且河流中的 BOD 衰减和 DO 的复氧都是一级反应；反应速率是恒定的；河流中的耗氧是由 BOD 衰减引起的，而河流中的溶解氧来源是大气复氧。其微分方程为

$$V\frac{\partial L}{\partial x} = -k_d L \qquad (5.48)$$

$$V\frac{\partial O}{\partial x} = -k_d L - k_a(O_s - O) \qquad (5.49)$$

或

$$V\frac{\partial D}{\partial x} = k_d L - k_a D \qquad (5.50)$$

式中：V 为断面平均流速，$\mathrm{m/s}$；L 为生化需氧量（BOD）的断面平均浓度，$\mathrm{mg/L}$；O 为溶解氧（DO）的断面平均浓度，$\mathrm{mg/L}$；k_d 为河水中有机物降解系数（或生化需氧量衰减系数），$\mathrm{1/d}$；其他符号同前。

当在 $x=0$ 处，$L(0)=L_0$ 和 $D(0)=D_0$ 时，上述模型的解析解为

$$L = L_0 \exp(-k_d x/V) \qquad (5.51)$$

$$D = D_0 \exp(-k_a x/V) + \frac{k_d L_0}{k_a - k_d}[\exp(-k_d x/V) - \exp(-k_a x/V)] \qquad (5.52)$$

式中：L_0 为河流起始断面（或起始时间）的 BOD 浓度，$\mathrm{mg/L}$；D_0 为河流起始断面（或起始时间）的氧亏值，$\mathrm{mg/L}$。式（5.51）和式（5.52）表示河水中 BOD 和溶解氧（以

氧亏 D 表示）沿程变化；若用 t 代替公式中的 x/V，则这二式又可表示某断面 BOD 和溶解氧随时间 t 的变化。

根据式（5.51）和式（5.52）绘制的溶解氧沿程或随时间 t 变化曲线像一条未拉紧的自由下垂的线（图 5.1），故称为"氧垂曲线"；式（5.51）和式（5.52）则被称为 S-P 氧垂公式。

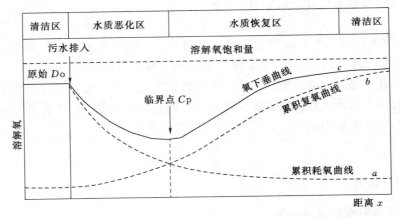

图 5.1 河流中溶解氧随时间（或沿程）变化的氧垂曲线

由图 5.1 氧垂曲线可知，当 $\mathrm{d}D/\mathrm{d}x = 0$ 时，可求得临界（最大）氧亏值 D_c 或最小溶解氧浓度及相应的位置 x_c 为

$$D_\mathrm{c} = \frac{k_\mathrm{d}}{k_\mathrm{a}} L_0 \exp(-k_\mathrm{d} x_\mathrm{c}/V) \tag{5.53}$$

式中：x_c 为临界氧亏出现的距离，可按式（5.53）计算：

$$x_\mathrm{c} = \frac{V}{k_\mathrm{a} - k_\mathrm{d}} \ln\left\{ \frac{k_\mathrm{a}}{k_\mathrm{d}} \left[1 - \frac{(k_\mathrm{a} - k_\mathrm{d}) D_0}{k_\mathrm{d} L_0} \right] \right\} \tag{5.54}$$

虽然 S-P 模型考虑的条件比较简单，但为溶解氧模型的发展奠定了基础，目前 S-P 模型及其各种修正式在环境预测中应用很广，还可用于计算河段的最大允许排污量。

2. Streeter-Phelps 模型的修正形式

（1）托马斯（H. A. Thomas）修正形式。Thomas 修正形式是在 S-P 基本方程的基础上主要增加了一项因其他因素（如沉淀、悬浮、吸附及再悬浮等过程）引起 BOD 衰减速率的变化，引入一个沉降、悬浮系数 k_s，表示悬浮污染物与水流紊动的关系，悬浮、冲刷为正，沉降为负。方程表达为

$$V \frac{\partial L}{\partial x} = -(k_\mathrm{d} + k_\mathrm{s}) L \tag{5.55}$$

$$V \frac{\partial D}{\partial x} = k_\mathrm{d} L - k_\mathrm{a} D \tag{5.56}$$

当在 $x = 0$ 处，$L(0) = L_0$ 和 $D(0) = D_0$ 时，托马斯模型的解为

$$L = L_0 \exp[-(k_\mathrm{d} + k_\mathrm{s}) x/V] \tag{5.57}$$

$$D = D_0 \exp(-k_a x/V) + \frac{k_d L_0}{k_a - k_d - k_s} \{\exp[-(k_d + k_s)x/V] - \exp(-k_a x/V)\}$$

$$(5.58)$$

（2）奥康纳（D. J. O'Connor）修正形式。假定总 BOD 是由碳化阶段的 BOD 和硝化阶段的 BOD 两项组成，方程表达为

$$\left.\begin{aligned}
V \frac{\partial L_C}{\partial x} &= -(k_{d,C} + k_s)L_C \\
V \frac{\partial L_N}{\partial x} &= -k_{d,N}L_N \\
V \frac{\partial D}{\partial x} &= k_{d,C}L_C + k_{d,N}L_N - k_a D
\end{aligned}\right\}$$

$$(5.59)$$

式中：L_C 为碳化需氧量（BOD）浓度，mg/L；L_N 为硝化需氧量（BOD）浓度，mg/L；其他符号同前。

当在 $x = 0$ 处，$L_C(0) = L_{0,C}$、$L_N(0) = L_{0,N}$ 和 $D = D_0$ 时，奥康纳模型的解为

$$L_C = L_{0,C} \exp[-(k_{d,C} + k_s)x/V] \tag{5.60}$$

$$L_N = L_{0,N} \exp[-k_{d,N}x/V] \tag{5.61}$$

$$D = D_0 \exp(-k_a x/V) + \frac{k_{d,C}L_0}{k_a - k_{d,C} - k_s} \{\exp[-(k_{d,C} + k_s)x/V] - \exp(-k_a x/V)\}$$

$$+ \frac{k_{d,N}L_0}{k_a - k_{d,N}} [\exp(-k_{d,N}x/V) - \exp(-k_a x/V)]$$

$$(5.62)$$

（3）多比-坎普（Dobbins-Camp）修正形式。添加了因底泥释放和地表径流所引起的 BOD 变化，以 R 表示；同时考虑了藻类光合作用和呼吸作用引起的溶解氧变化，以 P 表示，两项均可看作常数。方程可表示为

$$V \frac{\partial L}{\partial x} = -(k_d + k_3)L + R \tag{5.63}$$

$$V \frac{\partial D}{\partial x} = k_d L - k_a D + P \tag{5.64}$$

当在 $x = 0$ 处，$L(0) = L_0$ 和 $D(0) = D_0$ 时，多比-坎普模型的解为

$$L = L_0 F_1 + \frac{R}{k_d + k_s}(1 - F_1) \tag{5.65}$$

$$D = D_0 F_2 + \frac{k_d L_0}{k_a - k_d - k_s}\left(L_0 - \frac{R}{k_d + k_s}\right)(F_1 - F_2) + \left[\frac{P}{k_a} + \frac{k_d R}{k_a(k_d + k_s)}\right](1 - F_2)$$

$$(5.66)$$

式中：

$$F_1 = \exp[-(k_d + k_s)x/V]; \quad F_2 = \exp[-k_a x/V]$$

（4）托曼修正形式。托曼考虑到断面流速和污染物的浓度分布不均在方程中加入了纵向分散系数 K。方程表达为

$$V \frac{\partial L}{\partial x} = K \frac{\partial^2 L}{\partial x^2} - k_d L \tag{5.67}$$

$$V \frac{\partial D}{\partial x} = K \frac{\partial^2 L}{\partial x^2} + k_d L - k_a D \tag{5.68}$$

当在 $x=0$ 处，$L(0)=L_0$ 和 $D(0)=D_0$；$x=\infty$ 处，$L(\infty)=0$ 和 $D(\infty)=0$ 时，托曼模型的解为

$$L = L_0 e^{m_1 x} \tag{5.69}$$

$$D = D_0 e^{m_2 x} - \frac{k_d L_0}{k_a - k_d} [e^{m_1 x} - e^{m_2 x}] \tag{5.70}$$

式中：

$$m_1 = \frac{V}{2K} \left(1 - \sqrt{1 + \frac{4Kk_d}{V^2}}\right); \quad m_2 = \frac{V}{2K} \left(1 - \sqrt{1 + \frac{4Kk_a}{V^2}}\right)$$

3. 溶解氧平衡模型

河流中的主要耗氧过程有：BOD 反应、硝化过程、底泥耗氧、藻类呼吸耗氧。复氧过程有：大气复氧、藻类光合作用复氧。分别考虑各项因素对溶解氧浓度的影响，可得出总的方程

$$\frac{dO}{dt} + V \frac{dD}{dx} = k_a(O_s - O) - k_{d,C} C_C - k_{d,N} C_N + P - R - B \tag{5.71}$$

式中：O 为溶解氧浓度；D 为氧亏值；P 为藻类光合作用增氧，是周期函数；R 为藻类呼吸作用耗氧，可看作常数；B 为底泥耗氧，可看作常数。

溶解氧平衡模型为以后的水质模型的发展奠定了基础。

5.3.3 BOD - DO 模型的参数估算

目前不同类型的水质方程中包括的衰减系数、复氧系数及再悬浮系数等代表了对复杂过程的简化。参数的选择是水质方程求解的关键，以下介绍耗氧系数或衰减系数 k_d 及复氧系数 k_a 的估算。

5.3.3.1 耗氧系数 k_d 的估算

1. 由实验室测定值来估算

通过在实验室内测得的一组不同时间 t 时，河水样品的需氧量 y 值，采用最小二乘法或斜率法可求得 $k_{d(实验室)}$。对于温度 T 的耗氧系数 $k_d(T)$ 可表示为

$$k_d(T) = k_d(20) \times 1.047^{T-20}$$

其中 $k_d(20)$ 为采用曲线拟合或最小二乘法以及配线法求得 20℃时的耗氧系数。

由于河流中生化降解条件不同，特别是水体紊动等水力学条件的影响，$k_{d(河流)}$ 一般都要大于 $k_{d(实验室)}$。采用波斯科（Bosko）经验公式进行修正：

$$k_{d(河流)} = k_{d(实验室)} + \alpha \frac{V}{h} \tag{5.72}$$

式中：V 为平均流速，m/s；h 为平均水深，m；α 为系数，当流速较高时 $\alpha \approx 0.1$；流速较低时，$\alpha \approx 0.6$。

2. 由河流实测数据计算

（1）Nemerrow 法。

在已知复氧系数 k_a 的条件下，由 S - P 方程中的氧平衡方程估算衰减系数。

S-P方程中的氧平衡方程为

$$\frac{\mathrm{d}D}{\mathrm{d}t} = k_d L - k_a D \tag{5.73}$$

式中：D 为河水氧亏浓度；L 为河水 BOD 浓度；k_d 为耗氧系数；k_a 为复氧系数。

临界氧亏处，$\frac{\mathrm{d}D}{\mathrm{d}t} = 0$，所以可推出

$$D_c = \frac{k_d}{k_a} L = \frac{k_d}{k_a} L_0 \exp(-k_d t_c) \tag{5.74}$$

式中：D_c 为河水的临界氧亏浓度，mg/L；L_0 是河流的 BOD 值；t_c 为达到临界氧亏值的时间。

利用牛顿迭代试算法近似解出 k_d 值。迭代计算公式为

$$k_{d(n+1)} = k_{d(n)} - k_{d(n)} \frac{\left[\ln k_{d(n)} + \ln\left(\frac{L_0}{k_d D_c}\right) - t_c k_{d(n)} \right]}{1 - t_c k_{d(n)}} \tag{5.75}$$

（2）Koivo-Phillip 法。

在已知复氧系数 k_a 条件下，由 4 个断面的河水溶解氧值估算衰减系数 k_d。Koivo-Phillip 根据

$$\frac{\mathrm{d}C}{\mathrm{d}x} = -\frac{k_d}{V} L; \quad \frac{\mathrm{d}O}{\mathrm{d}t} = -\frac{k_d}{V} L + \frac{k_a}{V}(O_s - O) + \frac{P-R}{V} \tag{5.76}$$

式中：$(P-R)$ 为水生植物产氧速率与底泥增加 BOD 的耗氧速率之差，mg/(L·d)。

在初值为 L_0 和 O_0 时，推导得

$$k_d = -\frac{V}{x} \ln \frac{\mathrm{e}^{-k_a \frac{x}{V}} [y(2) - y(1)] - y(3) + y(2)}{\mathrm{e}^{-k_a \frac{x}{V}} [y(1) - y(0)] - y(2) + y(1)} \tag{5.77}$$

式中：$y(0)$、$y(1)$、$y(2)$、$y(3)$ 分别为 $x=0$、$x=1$、$x=2$、$x=3$ 断面处测得的溶解氧值（各断面间距离为常数）。

（3）两点法。

计算公式为

$$k_d = \frac{V}{x} \ln \frac{L_1}{L_2} \tag{5.78}$$

式中：L_1、L_2 分别为河段两端的 BOD，mg/L；x 为河段长度，m；V 为流速，m/s。

这种方法比较简单，但误差较大，可多取几点求平均值。

5.3.3.2 复氧系数 k_a 的估算

1. 粗略估算法

根据公式

$$\frac{\mathrm{d}D}{\mathrm{d}t} = -k_a D$$

可得出

$$k_a = \frac{\ln D_2 - \ln D_1}{t_2 - t_1} \tag{5.79}$$

式中：t_1、t_2 分别为取样测定的两个时间，d；D_1、D_2 为 t_1 和 t_2 时的溶解氧氧亏浓度，mg/L。

2. 在已知衰减系数 k_d 的条件下，由 S-P 方程估算

采用公式（5.74），即

$$D_c = \frac{k_d}{k_a} L_0 \exp(-k_d t_c)$$

得

$$k_a = \frac{k_d}{D_c} L_0 \exp(-k_d t_c) \tag{5.80}$$

式中：各符号意义同前。

3. 采用经验公式

目前 O'Connor-Dobbins 经验公式应用相对广泛，计算见式 5.80：

$$k_a = \frac{(D_m V)^{0.5}}{h^{1.5}} \tag{5.81}$$

式中：D_m 为溶解氧在水中的综合扩散系数，m^2/d。

5.4 QUAL-Ⅱ综合水质模型

美国环保署（USEPA）于 1970 年推出 QUAL 综合水质模型，1973 年开发出 QUAL-Ⅱ模型，其后又经多次修订和增强，推出了 QUAL2E、QUAL2E-UNCAS、QUAL2K 版本。QUAL 模型中包括 BOD、DO、温度、藻类-叶绿素 a、有机氮、氨氮、亚硝酸盐氮、硝酸盐氮、有机磷、溶解磷、大肠杆菌、任意 1 种非保守物质和 3 种保守物质等 15 种水质成分。QUAL 模型假设在河流中的物质主要迁移方式是对流和扩散，且认为这种迁移只发生在河道或水道的纵轴方向上，属于典型的一维水质综合模型。其基本方程是一维溶质随流扩散方程，同时考虑了水质组分间的相互作用以及源、汇项对组分浓度的影响。对任意的水质变量浓度 C，方程均可写为如下形式：

$$\frac{\partial(AC)}{\partial t} = \frac{\partial\left(AK\frac{\partial C}{\partial x}\right)}{\partial x} - \frac{\partial(AVC)}{\partial x} \pm S \tag{5.82}$$

式中：C 为溶质浓度；x 为距离；t 为时间；A 为河流断面面积；K 为纵向分散系数；S 为源、汇项。

QUAL 模型可用于研究流入污水对受纳河流的水质影响，也可用于非点源问题的研究。它既可作为稳态模型也可作为非稳态模型。QUAL 模型适用于污染扩散达到完全混合的河段。它允许河流有多个排污口、取水口及支流，允许入流量有缓慢变化。下面将详细介绍 QUAL-Ⅱ综合水质模型。

5.4.1 QUAL-Ⅱ模型的河流概化

QUAL-Ⅱ模型是 1973 年美国环保署开发的、1976 年 3 月经过修订的一维综合水质

模型。河流中主要水质成分间的关系可用图5.2表示。QUAL-Ⅱ模型把河流体系视为一系列河段组成的一个线性网,各河段又分为若干小片,这种小片由计算的步宽来确定,图5.3是具有7种类型的河段形状。

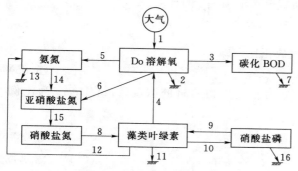

图 5.2 水质变量间的关系

1—复氧;2—底部生物耗氧;3—碳化 BOD;4—光合作用产氧;
5—氨氮氧化耗氧;6—亚硝酸盐氮氧化耗氧;7—碳化 BOD
沉淀和再悬浮;8—浮游植物对硝酸盐氮的吸收;9—浮游
植物对磷的吸收;10—浮游植物吸收产生磷;11—浮游
植物的死亡;12—浮游植物吸收产生氨氮;13—底泥
释放氨氮;14—氨氮氧化成亚硝酸盐氮耗氧;
15—亚硝酸盐氮氧化成硝酸盐氮耗氧;
16—底泥释放磷

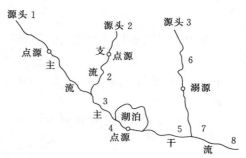

图 5.3 QUAL-Ⅱ水质模型的河流
概念化示意图

1—流入源河段(第一河段);2—正常河段;3—位于
支流口上的河段;4—支流口河段;5—河流体系
的最后河段;6—含有点源的河段;7—含有
迁移源的河段;8—模拟体系的最终河段

5.4.2 QUAL-Ⅱ模型的方程

这是一个在时间、空间上的一维方程。方程的一般形式可写成

$$\frac{\partial(AC)}{\partial t} = \frac{\partial\left(AK\dfrac{\partial C}{\partial x}\right)}{\partial x} - \frac{\partial(QC)}{\partial x} \pm S \tag{5.83}$$

QUAL-Ⅱ模型假设流量是稳态的,即 $\dfrac{\partial Q}{\partial t}=0$, $\dfrac{\partial A}{\partial t}=0$,则

$$\frac{\partial C}{\partial t} = \frac{\partial\left(AK\dfrac{\partial C}{\partial x}\right)}{A\,\partial x} - \frac{\partial(QC)}{A\,\partial x} + \frac{S_{in}}{A} + \frac{S_{ext}}{A} \tag{5.84}$$

式中: S_{in} 为体系内部水质变量 C 的源和汇(如化学反应等); S_{ext} 为体系外部的源和汇(如支流等)。纵向分散系数 K 用第3章中的方法确定。

可考虑 $S_{in}/A = \dfrac{dC}{dt}$,但它不同于 $\dfrac{\partial C}{\partial t}$。$\dfrac{dC}{dt}$ 包括诸如扩散、对流、稀释和各种源汇对浓度的影响。

在稳态条件下 $\dfrac{\partial C}{\partial t}=0$。

5.4.3 QUAL-Ⅱ模型中的源汇项

在 QUAL-Ⅱ模型中，每一种水质成分的迁移扩散方程都具有相似的表达式，其不同在于内部源汇项即 $\dfrac{\mathrm{d}C}{\mathrm{d}t}$。下面介绍各种水质成分源汇项 $\dfrac{\mathrm{d}C}{\mathrm{d}t}$ 的计算。

1. 藻类叶绿素 a

藻类叶绿素 a 与浮游藻类的物质量浓度成正比，即

$$C_{\mathrm{ca}} = \alpha_0 C_{\mathrm{A}} \tag{5.85}$$

式中：C_{ca} 为藻类叶绿素 a 浓度，mg/L；C_{A} 为藻类生物质量的浓度，mg/L；α_0 为比例常数。

藻类叶绿素 a 的生产率可表示为

$$\frac{\mathrm{d}C_{\mathrm{A}}}{\mathrm{d}t} = \mu_{\mathrm{A}} C_{\mathrm{A}} - \rho_{\mathrm{A}} C_{\mathrm{A}} - \sigma_1 C_{\mathrm{A}}/h \tag{5.86}$$

式中：μ_{A} 为局部的藻类比生长速率，是温度的函数，1/d；ρ_{A} 为藻类的呼吸速率，1/d；σ_1 为藻类的沉淀速度，m/d；h 为平均水深，m。

其中 μ 是取决于营养物和光强的一个函数，

$$\mu_{\mathrm{A}} = \mu_{\max}(T) \gamma(I_s, I, \eta) \prod_{i+1}^{n} \frac{N_i}{k_{Ni} + N_i} \tag{5.87}$$

式中：$\mu_{\max}$ 为最大的藻类比生长率，1/d；γ 为光照的减弱系数，它表示实际的入射光强度 I（局部光强）和对于藻类生长最佳的饱和光强度 I_s 不同时使 $\mu_{\max}$ 减少的比例，与消光系数 η 也有关系；N_i 为营养物浓度，mg/L；k_{Ni} 类拟于描述细菌生长的 Monod 公式中的半速率常数。

计算 μ_{A} 的另一个公式为

$$\mu_{\mathrm{A}} = \mu_{\max}(T) \gamma(I_s, I, \eta) \min \frac{N_i}{k_{Ni} + N_i} \tag{5.88}$$

这个公式的根据是 Liebig 定律，也就是说藻类的生长取决于营养物浓度。局部光强可用下式计算：

$$I = I_0 \mathrm{e}^{-(\Phi_0 + \Phi_1 A + \Phi_2 \tau)d} \tag{5.89}$$

式中：I_0 为水表面的光强；Φ_0 为清洁水的吸收系数；Φ_1 为藻类自遮因子；Φ_2 为混浊系数；τ 为浑浊度；d 为水层深度。

最大比生长率是温度的函数为

$$\left. \begin{array}{l} \mu_{\max}(T) = \mu_{\max}(20)\theta^{(T-20)} \\ \theta = 1.02 \sim 1.06 \end{array} \right\} \tag{5.90}$$

γ 可用 Michaelis-Menten 公式计算：

$$\gamma = \frac{I}{k_I + I} \tag{5.91}$$

QUAL-Ⅱ模型中用下列公式来计算 μ_{A}：

$$\mu_{\mathrm{A}} = \mu_{\max} \frac{N_3}{k_{N_3} + N_3} \frac{P}{k_{\mathrm{p}} + P} \frac{1}{\eta h} \ln\left(\frac{k_I + I}{k_I + I\mathrm{e}^{-nh}}\right) \tag{5.92}$$

式中：P 为磷酸盐浓度，mg/L；N_3 为硝酸盐氮浓度，mg/L；k_{N_3}、k_p、k_I 分别为氮、磷、光的衰减系数；η 为藻类和悬浮物浓度的函数。

$$\eta = \eta_0 + \gamma_1 C_A + \gamma_2 \tau \tag{5.93}$$

式中：η_0 为蒸馏水的消光系数；τ 为其他悬浮物浓度；γ_1、γ_2 为系数，$\gamma_1 = 0.01 \sim 0.02$。

2. 氮循环

QUAL-Ⅱ模型考虑了氨氮（N_1）、亚硝酸盐氮（N_2）和硝酸盐氮（N_3）三种形态氮的扩散迁移，每种氮的源项表达式如下。

（1）氨氮（N_1）。

$$\frac{dN_1}{dt} = \alpha_1 \rho_A C_A - k_{N_1} N_1 + \sigma_3 / A \tag{5.94}$$

式中：N_1 为氨氮浓度，mg/L；α_1 为藻类生物量中氨氮的比例；k_{N_1} 为氨氮氧化耗氧速率，1/d；σ_3 为水底生物的氨氮释放率，g/(d·m)；A 为断面面积，m；其他符号意义同前。

（2）亚硝酸盐氮（N_2）。

$$\frac{dN_2}{dt} = k_{N_1} N_1 - k_{N_2} N_2 \tag{5.95}$$

式中：N_2 为亚硝酸盐氮浓度，mg/L；k_{N_2} 为亚硝酸盐氮氧化速率常数，1/d；其他符号意义同前。

（3）硝酸盐氮（N_3）。

$$\frac{dN_3}{dt} = k_{N_2} N_2 - \alpha_1 \mu_A C_A \tag{5.96}$$

式中：N_3 为硝酸盐氮浓度，mg/L；其他符号意义同前。

3. 磷循环（P）

QUAL-Ⅱ模型考虑了 PO_4^{3-} 与藻类的相互影响，同时还考虑了产磷和失磷项。

$$\frac{dP}{dt} = \alpha_2 C_A (\rho_A - \mu_A) + \sigma_2 / A \tag{5.97}$$

式中：P 为硝酸盐氮浓度，mg/L；α_2 为藻类生物量中磷成分的比例；σ_2 为水底生物中磷的释放率，g/(d·m)；其他符号意义同前。

4. 碳化 BOD（L_C）

$$\frac{dL_C}{dt} = -k_{d,c} L_C - k_s L_C \tag{5.98}$$

式中：L_C 为碳化 BOD 浓度，mg/L；$k_{d,c}$ 为碳化 BOD 的衰减系数，1/d；k_s 为由沉淀、悬浮引起的 BOD 衰减系数，1/d。

注意：$k_{d,c} L_C$ 表示直接的碳化物耗氧，而 $k_s L_C$ 项则表示由沉淀而引起 BOD 的衰减。

5. 溶解氧（O）

$$\frac{dO}{dt} = k_a (O_s - O) + (\alpha_3 \mu_A - \alpha_4 \rho_A) C_A - k_{d,c} L_C - \sigma_4 / A - \alpha_5 k_{N_1} N_1 - \alpha_6 k_{N_2} N_2 \tag{5.99}$$

式中：α_3 为光合作用产氧所占比例；α_4 为呼吸耗氧所占比例；α_5 为氨氮耗氧所占比例；α_6 为亚硝酸盐氮耗氧所占比例；σ_4 为水底耗氧率，g/(d·m)。

6. 大肠杆菌（E）

$$\frac{\mathrm{d}E}{\mathrm{d}t} = -k_E E \tag{5.100}$$

式中：E 为大肠杆菌浓度，mg/L；k_E 为总的大肠杆菌衰变系数，1/d。

7. 放射性或任意可降解物质（R）

$$\frac{\mathrm{d}R}{\mathrm{d}t} = -k_R R \tag{5.101}$$

式中：R 为放射性或可降解物质浓度，mg/L；k_R 为衰变系数，1/d。

8. 参数与温度的关系

凡随温度而变化的参数均用式（5.102）修正

$$X(T) = X(20)\theta^{(T-20)} \tag{5.102}$$

式中：$X(T)$ 为温度 T 时的参数值；$X(20)$ 为 20℃时的参数值；θ 是温度修正系数。

5.5　河口水质模型

5.5.1　河口水质特性

5.5.1.1　河口及其水文概况

河口是指入海河流进入海洋的口门及其受到潮汐影响的一段水体，即河流与受水体之间交融过渡的阶段。根据受水体的不同河口可分为支流河口、入湖河口、入库河口和入海河口等。一般所指的河口，就是河流入海河口。

河口的潮汐现象，是外海潮波向河口传播的结果。当潮汐长波从外海向河口传播时，因与下泄的河水相遇，水面壅高，形成波状水面。入波速大于河水流速，则波峰向河口推进，潮水向河口倒灌。在潮波上溯的过程中，潮流的能量不断消耗，流速减慢，到某一地点时与河水下泄速度相等，倒灌停止。由于河水被壅高，潮水仍会继续上溯，波高急剧降低，至潮差为零处为止，此点为潮区界。从河口至潮区界为止的河段称为感潮河段。

河口的水流特征与水质变化规律和内陆河流有明显的差别。它既受上游内陆河段来水的影响，又受河口潮汐周期性变化的作用，时空变化复杂，具有与河流、海洋均不相同的许多特性，由此也造成了河口独特性的水质问题。

5.5.1.2　河口水质问题

1. 潮汐对河口水质的影响

随着海潮的涌入，大量的盐类如氯化物（Cl^-）及海洋泥沙进入河口段，氯化物及泥沙吸附污染物，使其相对密度增大而沉降，易于造成河口床底淤积，底泥污染物含量增大；另外，进入河口段的氯化物不能全部排回海中，使河口段的氯化物浓度提高，影响水质状况。

海潮使河口水位波动，海水与上游下泄淡水交汇，掺混作用明显，使河口污染物分布趋于均匀；同时由于海水的注入，受潮流的顶托作用，河口污水上溯，从而扩大了污染的范围，延长了污染物在河口的停留时间，污染物会进一步发生物理、化学和生物反应，有机物的降解会进一步降低水中的溶解氧，使水质恶化。

潮水也将携带大量的溶解氧进入河口段，使河口段中的污染物受到海水稀释混合，增强河口段的同化能力，加速有机物的分解，使污染物的浓度降低，改善河口水质。

2. 泥沙对河口水质的影响

对于感潮河口，泥沙主要来自上游输送和海域来沙，以及由沿岸流带来的临近河流入海的泥沙等。泥沙问题对河口的演变、河道整治及河口水质问题有重大影响。

由于上游较粗的推移泥沙难以进入河口段，所以河口泥沙运动主要为悬移运动，其运动强度决定于河口段水位、流速的变化。由于河口区存在双向水流的动力条件，因而河口泥沙的悬移相应具有往复的特点。

在径流和潮流的共同作用下，河水中所带的胶体颗粒上吸附的离子与海水中的离子发生离子交换，部分泥沙颗粒之间互相吸引，凝聚在一起，呈团块状，很快沉入水底，促使河口区有大量细沙的沉积。泥沙絮凝使得河段内形成最大的浑浊带，营养物随着泥沙的絮凝在河口不断富集。正是由于这个原因，河口的水体中营养物的含量很高，在河口地区也容易出现富营养化的问题。

5.5.2 河口及感潮河段水质数学模型

潮汐河流的流量是随时间变化的，属于非稳态问题。潮流、径流的共同作用是河口与感潮河段水质模型的特点。

污染物在河口潮流区的混合输移过程需要考虑三维空间方向的变化，其水质模型的基本方程组可由相关方程组成。显然，直接求解该方程组是非常困难的。根据河口水质预测和管理的目标和重点，可以忽略掉一些次要因素，对方程组进行简化。

5.5.2.1 一维河口水质模型

1. 一维动态混合衰减模型

在潮汐作用下，假设河口水流中污染物扩散以纵向分散作用为主，在充分混合条件下，如果取污染物浓度的潮周平均值，可以写出一维河口水质模型的基本方程如下：

连续方程为

$$B \frac{\partial h}{\partial t} + \frac{\partial Q}{\partial x} = q \tag{5.103}$$

运动方程为

$$\frac{\partial Q}{\partial t} + \frac{\partial}{\partial x} \left(\beta \frac{Q^2}{A} \right) + gA \left(\frac{\partial h}{\partial x} + S_f \right) = 0 \tag{5.104}$$

水质变化方程为

$$\frac{\partial (AC)}{\partial t} + \frac{\partial (QC)}{\partial x} - \frac{\partial}{\partial x} \left(AK \frac{\partial C}{\partial x} \right) + Ak_d C = S \tag{5.105}$$

式中：B 为河宽，m；A 为河道断面面积，m^2；h 为断面平均水深，m；q 为旁侧入流流量，m^3/s；S_f 为摩阻坡降，可采用曼宁公式计算，即 $S_f = gn^2/h^{\frac{1}{3}}$；$k_d$ 为污染物降解系数，$1/d$；S 为源、汇项；x、t 分别为距离、时间；K 为河段纵向分散系数。

在排污稳定的情况下，欧康奈尔（O'Connell）给出的方程的解如下。

（1）断面面积恒定的河口。

对排放上游（$x < 0$）：

$$C = C_r + \frac{C_P Q_P}{(Q + Q_P)\sqrt{1 + \frac{4k_d K}{V^2}}} \exp\left[\frac{Vx}{2K}\left(1 + \sqrt{1 + \frac{4k_d K}{V^2}}\right)\right] \tag{5.106}$$

对排放下游（$x > 0$）：

$$C = C_r + \frac{C_P Q_P}{(Q + Q_P)\sqrt{1 + \frac{4k_d K}{V^2}}} \exp\left[\frac{Vx}{2K}\left(1 - \sqrt{1 + \frac{4k_d K}{V^2}}\right)\right] \tag{5.107}$$

式中：C_r 为河流上游断面处污染物浓度，mg/L；C_P 为污染物排放浓度，mg/L；Q 为河流流量，m^3/s；Q_P 为废水排放流量，m^3/s；V 为流速，m/s。

（2）断面面积与距离成正比（即 $A = \frac{A_0}{x_0}x$）的河口。

当 $x < x_0$ 时，

$$C = C_r + \frac{C_P Q_P x_0}{A_0 K} N_E\left(x_0\sqrt{\frac{k_d}{K}}\right) J_E\left[x\sqrt{\frac{k_d}{K}}\left(\frac{x}{x_0}\right)^E\right] \tag{5.108}$$

当 $x > x_0$ 时，

$$C = C_r + \frac{C_P Q_P x_0}{A_0 K} J_E\left(x_0\sqrt{\frac{k_d}{K}}\right) N_E\left[x\sqrt{\frac{k_d}{K}}\left(\frac{x}{x_0}\right)^E\right] \tag{5.109}$$

式中：A_0 为 $x = x_0$ 处河流的断面面积；J_E 为第一类 E 阶贝塞尔函数；N_E 为第二类 E 阶贝塞尔函数；E 为贝塞尔函数的阶数。

2. 一维稳态 BOD - DO 耦合模型

由一维河流 BOD - DO 耦合模型［式（5.49）～式（5.51）］推得描述河口氧亏的基本方程为

$$K\frac{\partial^2 D}{\partial x^2} - V\frac{\partial D}{\partial x} - k_a D + k_d C = 0 \tag{5.110}$$

方程和方程就构成了一维河口稳态 BOD - DO 耦合模型的基本方程组。

5.5.2.2　二维动态衰减模型

对于水平尺度远大于垂直尺度，流态可用沿水深的平均流动来表示的河口，可以采用平面二维水动力数值模拟技术。

目前二维水质数学模型主要采用非耦合的算法，即潮流方程和水质方程分别单独求解，先求水力要素，再求水质。基本方程组为

$$\frac{\partial h}{\partial t} + \frac{\partial(u_x h)}{\partial x} + \frac{\partial(u_y h)}{\partial y} = 0 \tag{5.111}$$

$$\frac{\partial u_x}{\partial t} + u_x\frac{\partial u_x}{\partial x} + u_y\frac{\partial u_x}{\partial y} = v_x\left(\frac{\partial^2 u_x}{\partial x^2} + \frac{\partial^2 u_x}{\partial y^2}\right) + fu_y - g\frac{\partial(h + \zeta)}{\partial x} - gn^2 u_x\frac{\sqrt{u_x^2 + u_y^2}}{h^{\frac{4}{3}}}$$

$$\tag{5.112}$$

$$\frac{\partial u_y}{\partial t} + u_x \frac{\partial u_y}{\partial x} + u_y \frac{\partial u_y}{\partial y} = v_y \left(\frac{\partial^2 u_y}{\partial x^2} + \frac{\partial^2 u_y}{\partial y^2} \right) + f u_x - g \frac{\partial (h + \zeta)}{\partial y} - g n^2 u_y \frac{\sqrt{u_x^2 + u_y^2}}{h^{\frac{4}{3}}}$$

$$(5.113)$$

$$\frac{\partial}{\partial t} (HC) + \frac{\partial}{\partial x} (u_x HC) + \frac{\partial}{\partial y} (u_y HC) = \frac{\partial}{\partial x} \left(D_{xx} H \frac{\partial C}{\partial x} \right) + \frac{\partial}{\partial x} \left(D_{xy} H \frac{\partial C}{\partial y} \right)$$
$$+ \frac{\partial}{\partial y} \left(D_{yx} H \frac{\partial C}{\partial x} \right) + \frac{\partial}{\partial y} \left(D_{yy} H \frac{\partial C}{\partial y} \right) + HS$$

$$(5.114)$$

式中：C 为污染物浓度，mg/L；u_x、u_y 分别为沿 x、y 方向平均流速分量，m/s；n 为糙率；f 为哥里奥利斯系数，$f = 2\omega \sin\phi$，ω 为地球自转角速度，ϕ 为当地纬度；$H = h + \zeta$ 为总水深，ζ 为平均海平面以上的水面高，h 为该海平面以下的水深，m；S 为源、汇项；D_{xx}、D_{yy}、D_{xy}、D_{yx} 为平均扩散系数，m²/s，可采用下面公式计算：

$$D_{xx} = \frac{(\alpha u_x^2 + \beta u_y^2) H \sqrt{g}}{C \sqrt{u_x^2 + u_y^2}} \qquad (5.115)$$

$$D_{xy} = D_{yx} = \frac{(\alpha - \beta) u_x u_y H \sqrt{g}}{C \sqrt{u_x^2 + u_y^2}} \qquad (5.116)$$

$$D_{yy} = \frac{(\alpha u_y^2 + \beta u_x^2) H \sqrt{g}}{C \sqrt{u_x^2 + u_y^2}} \qquad (5.117)$$

式中：C 为谢才系数；α、β 分别表示水深平均纵向和横向紊动扩散系数，一般经验选取 $\alpha = 5.93$，$\beta = 0.23$。

二维水质模型直接求解困难，目前主要采用数值方法求解。

第6章 湖泊（水库）水质模型

6.1 湖泊（水库）污染特性

湖泊是陆地上天然洼地的蓄水体系，是湖盆、湖水以及水中物质组合成的自然综合体，对维护自然平衡、支持人类文明发展具有重要意义。据统计，全世界湖泊总面积为 270 万 km^2，占大陆面积的 1.8% 左右。我国疆域辽阔，湖泊众多，面积在 $1km^2$ 以上的湖泊有 2305 个，总面积 7.17 万 km^2，占全国总面积 0.78%，主要集中在古冰川作用地区以及湿润条件下一些排水不良地带，其中东部平原及青藏高原地区湖泊最为密集。

水库则是人工蓄水体，是人类因防洪、发电、灌溉、航运等目的创造蓄水条件而形成的人工湖泊。由于水库的基本特性与天然湖泊相似，因而常将湖泊（水库）归为一类进行研究。

6.1.1 湖泊（水库）特征及其对水质的影响

湖泊是地表水体的重要组成部分，与其他水体既有联系，又有区别。与海洋相比，主要差别是湖泊与大洋不发生直接的水量交换，而且湖泊四周被陆地所包围，深受陆地生态环境、社会经济条件的制约。此外，湖盆形态对湖水特性以及湖体内发生的一系列过程的影响，远较海盆对于海水的影响为大。与江河相比，湖泊水面面积一般较大、水流较缓、交替周期较长，致使湖体中发生的化学过程、生物学过程、动力学过程有别于河流，具体表现在以下几方面。

（1）水流运动缓慢，导致水体稀释自净能力下降，对污染物的生物降解、累积和转化能力增强。由于湖泊交换能力弱，污染物在湖库中的滞留时间较长，易使水质恶化。当入流的营养物（氮、磷等）浓度较高时，容易产生富营养化。

（2）水面宽广，水质分布常出现平面不均匀性，同时蒸发量增大，造成水体矿化度升高，并影响水循环。

（3）风浪作用明显。风浪作用有利于水体混合，使湖库的水质分布逐渐地平面均匀化。风的作用对浅水湖尤为突出，湖流主要由风动力生成，使湖区产生许多形态各异的环流。随着风向和风力的不同，环流的形态和强弱也不相同，必然会对污染物在湖中的迁移、扩散途径产生重要影响。

（4）水温与密度具有垂直分层现象，即垂向分布不均匀。一般各类湖库均有这一现象，只是程度不同而已，在深湖尤为明显。因水温垂向分层，溶解氧也呈现出明显的垂向分层，在湖泊的深水层处容易出现缺氧状态。

（5）对流作用主要在垂向进行（特别是湖泊），对流扩散作用的驱动力主要是湖水的密度差，这将影响污染物和热量的传播扩散途径。

（6）湖泊受到污染及恢复的过程比河流长。由于湖泊（水库）的上述特点，湖泊（水库）的溶质迁移扩散和河流的溶质迁移扩散相比另有特色，湖泊模型中人们最关心的是温度分层、藻类生长和富营养化问题，而相对较少地去关注河流模型中常考虑的 BOD - DO 水质指标。因此，湖泊（水库）水质模型中的源和汇项一般比较复杂，它反映了湖泊水库中进行着复杂的化学和生物作用。

6.1.2 影响湖泊（水库）水质运移的主要因素

湖泊（水库）虽属流动缓慢的滞流水体，但是在风力、水力梯度和密度梯度及气压突变等的作用下，湖库中的水总是处在不断运动的状态中。湖水运动具有周期性升降波动和非周期性的水平流动两种形式。前者如波浪、波漾运动，后者如湖流、混合、增减水等。通常波动与流动是相互影响、相互结合的，同时发生的。污染物质或营养盐以水为载体，随着湖泊水团运动，并在沿程发生物理的、化学的或生物的混合、迁移和转化过程。因此，湖泊水团运动是引起湖泊环境变化的一个极其重要的营造力，湖泊中的水质传递与湖水运动规律密切相关。影响湖泊（水库）混合和水质传递的因素很多，下面分别介绍其中的主要影响因素。

1. 湖泊入流和出流

湖泊入流和出流是河流和湖泊之间进行水质、水量交换的主要形式，又是湖泊自身完成水量输运调蓄和水质分布调节的重要形式。

湖泊入流携带着河流中的污染物质（包括泥沙和悬浮物质）进入湖泊，出流则可将湖泊中的物质（包括营养盐、浮游植物及其悬浮碎屑）冲刷出湖泊。入流和出流对于湖泊的水质更新周期和湖中污染物或营养物的浓度变化有着十分重要的影响。此外，水流入湖还会改变湖泊的动能和势能。在入流运动过程中，其中一部分能量将消耗于水体的混合，例如入流流速较高时，将发生明显的紊动卷吸作用。湖泊（水库）的泄流也将给水域内各点的流速和流向造成不同程度的影响，进而影响污染物浓度的空间分布规律。

2. 风力作用

在水面辽阔的湖泊，当受到强劲而持续不断的风力作用时，风力流动将成为主要的水团运动形式。风力作用首先施加于水面，由于水黏滞力的传递作用，风力作用下表层湖水的运动带动次层湖水运动，依次类推。风力的能量被逐渐传递到湖泊内部，使水体内部诱发紊动，促进了污染物质、热量的交换和混合。

在风力作用下，湖泊和水库很容易产生周期性起伏的振荡运动，称为风浪。风浪的大小取决于风速、风程和风的持续时间，而且和水深有密切的关系。中国多浅水湖泊，风浪的发展往往受水深的限制；反过来，风浪对浅水湖泊垂向混合的作用则很强烈。一方面浅水湖泊中的风力对水体的强烈扰动会增加水体中的溶解氧，对增加水域的自净能力有益；另一方面，扰动也可能会造成波浪掀沙，使吸附在沙粒中的污染物对水体造成二次污染。因此，风力作用下水质变化过程十分复杂。

3. 热交换与扩散

湖泊（水库）水体与外部的热交换主要通过水面进行。水面热交换包括太阳辐射热、大气辐射热、水面传导至空气中的热、水面蒸发所损失的热、水面辐射所损失的热等。此外，进出湖的径流也会引起蓄水体热量的变化。与前面两个影响因素不同，湖库入、出流和风力作用都会促使水域沿水平和深度方向发生混合，而水面热交换引起的混合主要在深度方向发展。

4．密度流动

在稳定的垂向密度分布情况下，密度流是由于湖泊（水库）的不均匀增温、矿化度不一致等原因使得水域密度不均匀而产生的。当垂向密度分布不稳定时，密度流的强度很大，直到密度分布均匀为止。密度流动也同时伴随着水质的传递。

6.2　湖泊（水库）水质模型

湖泊（水库）水质变化的分析计算方法很多，常用的有均匀混合型（又称零维模型）、分层模型等。

6.2.1　均匀混合水质模型

对于停留时间很长，水质基本处于稳定状态的中小型湖泊和水库，可以看作是一个均匀混合的水体。污染物的指标无论是溶解态的、颗粒态的还是总浓度，都可按节点平衡原理来推求。

1．湖泊溶解氧模型

水体中溶解氧含量的多少对于湖泊生物的衰变过程、沉积营养物释放速率等具有直接的影响。为了计算湖泊的合理入流量、鱼的放养密度等，常采用湖泊溶解氧平衡方程来分析湖泊中氧的变化情况，即

$$\frac{\mathrm{d}O}{\mathrm{d}t} = \left(\frac{Q}{V}\right)(O_i - O) + k_a(O_s - O) - k_d L \tag{6.1}$$

式中：O 为 t 时刻水体内溶解氧浓度；O_i 为流入湖泊的溶解氧浓度；O_s 为某一水温条件下溶解氧的饱和浓度；V 为湖泊容积，通常用水面面积乘以平均水深表示；Q 为单位时间内补给湖泊的水量；k_a 为湖水的大气复氧系数；k_d 为水体内生物及非生物因素耗氧系数；L 为湖水的生化需氧量。

2．湖泊盐量平衡模型

湖中盐量的变化，取决于补给湖泊的径流的含量变化和湖中生化过程的变化，但后者引起的变量很难确定，常忽略不计。

为研究湖泊的化学成分的变化规律，常采用如下盐量平衡方程：

$$R_{y1} + R_{y2} + R_x + R_g = R'_{y1} + R'_{y2} + R'_g \pm \Delta R \tag{6.2}$$

式中：R_{y1}、R'_{y1} 分别为时段内入、出湖的地面径流带来或带走的盐量；R_{y2}、R'_{y2} 分别为时段内入、出湖的地下径流带来或带走的盐量；R_x 为时段内湖面降水带入的盐量；R_g、R'_g 分别为时段内工农业排水与用水带入或带出的盐量；ΔR 为时段内湖中盐量变化值，增加为正，减少为负。时段可以旬或月计，各平衡项目可以离子总量进行计算，单位为 t。

对于闭口湖（无出流）盐量平均方程为

$$R_{y1} + R_{y2} + R_x + R_g = R'_g \pm \Delta R \tag{6.3}$$

式中：各符号意义同前。

3. 输入输出模型

湖泊的入、出湖水量和污染物性质对水质影响较大，下面分 3 种情况讨论。

（1）入、出湖水量相等时的难降解（保守）物质。

根据质量守恒原理，可推出单位时间内湖泊污染物的蓄量变化为

$$V \frac{\mathrm{d}C}{\mathrm{d}t} = Q_i(C_i - C) \tag{6.4}$$

式中：C_i 为河道入湖口的污染物浓度；C 为出湖口污染物浓度；Q_i 为入湖水量，与出湖水量（Q）相等；V 为湖泊的容积。

积分式（6.4），并代入初始条件（当 $t = 0$ 时，$C = C_0$），可得 t 时刻湖水的水质浓度

$$C_t = C_0 + \left[1 - \exp\left(-\frac{t}{T}\right)\right](C_i - C_0) \tag{6.5}$$

式中：C_0 为污水入湖前，即 $t = t_0$ 时刻湖水中该污染物浓度；T 为入湖水量在湖中的滞留时间，可通过 $T = \dfrac{V}{Q}$ 计算；t 为污水入湖的时间。

（2）入、出湖水量不等时的难降解（保守）物质。

单位时间内湖泊中污染物蓄量的变化为

$$V \frac{\mathrm{d}C}{\mathrm{d}t} = Q_i C_i - QC \tag{6.6}$$

式中：Q_i、Q 分别为入湖和出湖的水量；C_i、C 分别为入湖和出湖的污染物浓度。

积分式（6.6），并代入初始条件（当 $t = 0$ 时，$C = C_0$），得到 t 时刻湖水的水质浓度为

$$C_t = C_0 + \left[1 - \exp\left(-\frac{t}{T}\right)\right](RC_i - C_0) \tag{6.7}$$

式中：R 为入湖水量与出湖水量之比，即 $R = \dfrac{Q_i}{Q}$；其余符号意义同前。

（3）可降解的有机污染物。

与难降解物质相类似，可通过质量守恒原理，建立湖泊水质因子浓度变化的微分方程为

$$V \frac{\mathrm{d}C}{\mathrm{d}t} = Q_i C_i - QC - k_d VC \tag{6.8}$$

式中：k_d 为降解系数；其余符号意义同前。

解上述微分方程，并代入初始条件（当 $t = 0$ 时，$C = C_0$），可得 t 时刻湖泊的水质浓度为

$$C_t = \frac{1}{k_d V + Q}\left\{Q_i C_i - [Q_i C_i - (Q + k_d V)C_0]\exp\left[-\left(\frac{Q}{V} + k_d\right)t\right]\right\} \tag{6.9}$$

从式（6.5）、式（6.7）和式（6.9）可以看出，当 $t \to +\infty$ 时，若湖中起始浓度 $C_0 = 0$，则对于难降解物质，有

$$C_t = C_E = C_i R \tag{6.10}$$

对可降解的有机污染物，有

$$C_t = C_E = \frac{W_i}{Q_i + k_d V} = \frac{C_i}{1 + k_d T} \tag{6.11}$$

式中：W_i 为入湖的质量速率，$W_i = Q_i C_i$；C_E 为平衡浓度，含义是湖泊的污染浓度不再受入湖污染物浓度的影响，即达成稳态平衡时对应的湖水的浓度。在实际中，当湖中的污染物浓度达到平衡浓度的 99%，即可认为是该污染物的平衡浓度。

6.2.2 分层水质模型

由于湖泊水温沿水深发生变化，导致水体出现分层现象。湖泊（水库）夏季往往会在深度方向出现温跃层，并有效阻止上、下水层之间的混合，这时湖泊通常分为上、下两个水层，上层温度高称为富光层，下层温度低称为贫光层。研究分层湖泊（水库）中的水质变化规律，一般是把两个水层都分别视为完全均匀混合的水体。每层的水质可用完全混合模型来计算；同时认为上、下层之间水团将发生混合和交换，即存在着紊动扩散的传递作用，并通过引入垂向混合系数来反映这种作用的大小，建立起上、下层质量平衡方程之间的联系。下面以分层水库的 BOD - DO 模型为例来说明。

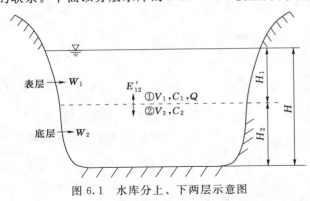

图 6.1 水库分上、下两层示意图

如图 6.1 所示，水库分表层和底层，深度分别为 H_1 和 H_2。假定：①表层获得污染物 W_1 和流量 Q，底层从底泥中获得释放的营养物质 W_2，表层和底层之间将发生混合和交换；②水面面积 A 沿水深不变；③光合作用仅发生在表层；④不考虑浮游植物增氧量，整个水体生物的呼吸率相同。将这两层水体都看作完全均匀混合水库，根据物质守恒原理，湖泊中某种含有物的浓度随时间的变化率是输入、输出和在湖泊内沉积的该种物质数量的函数，则可分别建立表层和底层 DO 的质量平衡方程为

$$V_1 \frac{dO_1}{dt} = QO_i - QO_1 + k_2 V_1 (O_s - O_1) + PV_1 - RV_1 + E'_{12}(O_2 - O_1) - k_1 V_1 L_1 \tag{6.12}$$

$$V_2 \frac{dO_2}{dt} = E'_{12}(O_1 - O_2) - S_B A - RV_2 - k_1 V_2 L_2 \tag{6.13}$$

式中：V_1、V_2 分别为水库表层和底层的水体体积；O_i、O_s 分别为各种途径入库的 DO 浓度和表层饱和溶解氧浓度；O_1、O_2 分别为水库表层和底层的 DO 浓度；L_1、L_2 分别为水库表层和底层的 BOD 浓度；Q 为入库流量；P 为单位水体光合作用产生溶解氧的速率；R 为单位水体生物呼吸消耗溶解氧的速率；A 为水面面积；S_B 为单位面积泥沙平均耗氧量速率；k_1 为水库污染物的衰减速率；k_2 为复氧系数；E'_{12} 为垂直方向混合系数，可用式（6.14）估算：

$$E'_{12} = \frac{E_{12}A}{\overline{H}_{12}} \qquad (6.14)$$

式中：E_{12} 为垂直方向扩散系数；当 $H_2 \gg H_1$ 时，$\overline{H}_{12}$ 为两层中心点间的距离，当 $H_2 \approx H_1$ 时，$\overline{H}_{12} \approx \dfrac{H}{2}$。

在稳定状态下，式（6.12）和式（6.13）左边项为 0，把两式相加，然后除以 A，并令

$$q = \frac{Q}{A}, \quad V_1 = AH_1, \quad V_2 = AH_2 \qquad (6.15)$$

则可求得水库表层和底层 DO 浓度的解如下：

表层为

$$O_1 = \frac{1}{k_2 H_1 + q}[qO_i + k_2 H_1 O_s + PH_1 - RH - S_B - k_1(H_1 L_1 + H_2 L_2)] \qquad (6.16)$$

底层为

$$O_2 = O_1 - \frac{S_B + RH_2 - k_1 H_2 L_2}{\dfrac{E_{12}}{\overline{H}_{12}}} \qquad (6.17)$$

式中：q 为水力出流率。

6.3 湖泊（水库）富营养化模型

富营养化是指在湖泊（水库）和海湾等较封闭的水域以及水流迟缓的河流中，由于氮、磷等营养物质积累过多，而导致藻类等浮游生物的生产能力异常增加的过程。湖泊（水库）的富营养化既恶化水体的感官性状，危害水源的利用，增加水利用的处理成本，又会引起水体的短时间内缺氧，造成鱼类窒息死亡。此外，湖泊（水库）富营养化往往伴随沼泽化，两者同时作用会加速湖泊退缩衰亡。所以说，湖泊（水库）的富营养化，将影响湖泊（水库）资源的合理利用，甚至威胁到湖泊（水库）的寿命。进入 20 世纪 90 年代后，国内外水体富营养化，特别是作为饮用水源湖泊（水库）的富营养化问题已成为国内外广泛关注的环境问题。

根据国际经济合作和发展组织（OECD）的研究，80％的湖泊（水库）富营养化受磷元素的制约；约 10％的富营养化与氮、磷元素直接相关；余下 10％与氮和其他因素有关。因此，氮、磷元素是研究富营养化的关键所在。为了防治湖泊（水库）富营养化，必须研究营养物质在湖泊（水库）水中的演化特征，建立富营养化数学模型，用以判别和预测湖泊（水库）富营养化的程度。

对于完全混合型湖泊（水库），以磷负荷为研究对象并考虑磷在湖泊（水库）水中沉降作用影响，根据物质平衡原理磷负荷的收支平衡方程（一般以年为平衡期）为

$$\frac{\mathrm{d}W_p}{\mathrm{d}t} = W_{pi} - k_p W_p - \frac{Q}{V_L}W_p \qquad (6.18)$$

采用零维水质模型，总磷浓度的变化为

$$V_L \frac{dC_p}{dt} = W_p - QC_p - k_p V_L C_p \qquad (6.19)$$

式中：W_p 为湖（库）中的总磷质量；W_{pi} 为入湖（库）磷负荷；k_p 为磷的沉降系数；Q 为出湖（库）流量；V_L 为湖（库）容积；C_p 为水中磷的平均浓度。

求解式（6.19），可得 t 时刻的总磷负荷为

$$W_p = \frac{W_{pi}}{\rho_\omega + k_p} - \left[\frac{W_{pi}}{\rho_\omega + k_p} - W_{p0} \right] \exp[(\rho_\omega + k_p)t] \qquad (6.20)$$

t 时刻的总磷浓度为

$$C_p = \frac{W_{pi}}{(\rho_\omega + k_p)V_L} - \left[\frac{W_{pi}}{(\rho_\omega + k_p)V_L} - C_{p0} \right] \exp[-(\rho_\omega + k_p)t] \qquad (6.21)$$

式中：W_{p0} 为湖（库）起始时刻水中总磷质量；C_{p0} 为湖（库）起始时刻水中的总磷浓度；$\rho_\omega = \dfrac{Q}{V_L}$ 为冲刷系数；其余符号意义同前。

1. 沃伦威德（Vollenweider）模型

沃伦威德最早提出磷负荷与水体中藻类生物量存在关系。当湖（库）处于稳定状态即 $\dfrac{dC_p}{dt} = 0$ 时，由式（6.19）可得

$$C_p = \frac{W_p}{V_L \left(k_p + \dfrac{Q}{V_L} \right)} = \frac{L_p}{\overline{H}(k_p + \rho_\omega)} \qquad (6.22)$$

其中，

$$L_p = \frac{W_{pi}}{A}$$

式中：L_p 为单位湖（库）面积总磷负荷；$\overline{H}$ 为湖（库）平均水深；其余符号意义同前。

2. 狄龙（Dillon）模型

狄龙模型是沃伦威德模型的进一步发展。由于磷的沉积率 k_p，测定起来相当困难，沃伦威德和狄龙两人通过实验发现湖（库）水中磷沉积和水力冲刷作用密切相关，于是定义了一个比较容易获得的系数 R_L，称为总磷滞留系数。其计算式为

$$R_L = \frac{k_p}{k_p + \rho_\omega} \quad \text{或} \quad k_p = \frac{R_L}{1 - R_L} \rho_\omega \qquad (6.23)$$

将式（6.23）代入式（6.22），整理后得

$$C_p = \frac{L_p(1 - R_L)}{\overline{H}\rho_\omega} \qquad (6.24)$$

上式称为狄龙模型，其中 L_p、$\overline{H}$ 和 ρ_ω 的值与沃伦威德模型求解方法相同，而 R_L 可用式（6.25）求得

$$R_L = 1 - \frac{\sum QC_p}{\sum Q_i C_{pi}} \qquad (6.25)$$

式中：C_p、C_{pi} 分别为出湖（库）与入湖（库）总磷浓度。

6.4 湖泊（水库）分层流动水温模型

水温是表征湖泊（水库）物理特性的重要指标之一，它以各种潜在的形式影响着湖泊的多种理化过程、水动力过程和生物过程，成为湖泊生态系统的重要环境条件。如湖泊中的鱼类只有在合适的温度下才能生存，一些藻类也只有在特定温度的水体中才会大量生长，其中的蓝、绿藻等只有在合适的温度下才有可能大量繁殖，形成富营养化。湖泊水温是湖泊热量平衡的表现结果。湖泊首先通过水气界面进行热量的输入和输出。湖泊水体作为热量的载体，在完成热量蓄积和调节的过程中，其水温会受到湖区的气象条件（如气温、太阳光照等）、工厂的废热排放等外界条件的极大制约。因此，建立湖泊温度数学模型，模拟预测湖泊的水温变化十分重要。

从研究水质问题的角度出发，按照湖泊（水库）的水文水力条件和污染混合特性，可粗略地把湖泊（水库）划分为均匀混合型和非均匀混合型。下面将分别介绍这两类湖库的温度模型。

6.4.1 均匀混合温度模型

对于水质均匀的小湖或大湖湖湾，可把水体看作为一个完全混合反应器，水流进入该系统后，在湖流、对流和风浪等因素的共同作用下，会立即完全分散到整个系统，其中各水团是完全均匀混合的。对于均匀混合型湖泊，假定水温在各个方向是均匀的，仅考虑它随时间的变化，可利用总体热量平衡模型，计算湖泊温度随时间的变化过程。这类模型尤其适用于冷却水池的热量计算。模型可表达为式（6.26）及图 6.2：

$$\frac{\partial T}{\partial t} = SR - SR_b + AR - AR_b - BR - E + AC + HOI \qquad (6.26)$$

式中：SR 为太阳短波辐射量；SR_b 为短波反射量；AR 为大气长波辐射量；AR_b 为长波反射量；BR 为水体长波返回辐射量；AC 为水体与大气对流作用的热交换量；E 为蒸发损失热量；HOI 为出入流所引起的热交换量，可通过式（6.27）计算：

$$HOI = \rho c_p (Q_{in} T_{in} - Q_{out} T_{out}) \qquad (6.27)$$

式中：Q_{in}、Q_{out} 分别为进出湖（库）的水流流量；T_{in}、T_{out} 分别为进出湖（库）的水流水温；c_p 为水的比热容。

6.4.2 垂向一维温度模型

1. 数学方程式

对于分层湖泊（水库），某一点的温度变化依赖于热能以及内部和表面热源的扩散。当湖泊水温在垂向形成较稳定的分层时，假定等温面为水平面，仅在铅垂方向上考虑这些项的变化，即只在垂向上存在温度梯度，可用垂向一维温度模型来描述湖泊的温度分布。

以 z 表示垂向坐标，由热量平衡原理可得水温的一维扩散基本方程为

$$A(z)\left[\frac{\partial T}{\partial t} + u_z \frac{\partial T}{\partial z}\right] = \frac{\partial}{\partial Z}\left[A(z)(D - E_v)\frac{\partial T}{\partial z}\right] + S \qquad (6.28)$$

式中：A 为横断面面积；T 为温度；z 为水下的深度，取向下为正；u_z 为垂向流速；D 为分

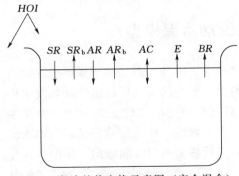

图 6.2　湖泊的热交换示意图（完全混合）

子扩散系数；E_v 为紊动扩散系数；S 为热源，包括图 6.2 中所示的各项热量交换。

当忽略水流垂向速度及分子扩散项时，一维温度模型可表示为

$$\frac{\partial T}{\partial t} = \frac{1}{A(z)} \frac{\partial}{\partial z}\left[A(z)E_v\frac{\partial T}{\partial z}\right] + \frac{S}{A(z)}$$

$$(6.29)$$

2. 定解条件

方程需要在适当的初始条件和边界条件下才能用于湖库水温分布预测。因为湖库温度计算常开始于春天恒温期，湖水经过全断面翻腾作用出现全湖同温，刚开始分层。取此时的水温作为初始水温，即

$$T(z, t)\big|_{t=t_0} = T_0 \qquad\qquad (6.30)$$

边界条件包括水面边界条件和库底边界条件。在水面上，吸收的净辐射热和水面向库内扩散的热量应相等，即

$$-E_v\frac{\partial T}{\partial z}\big|_{z=0} = Q_h(T, t) \qquad\qquad (6.31)$$

式中：Q_h 为热能进入水表面的净流量。在湖底，通常认为底部（$z=h$）处是绝热，即

$$\frac{\partial T}{\partial z}\bigg|_{z=h} = 0 \qquad\qquad (6.32)$$

3. 扩散系数

方程中所需要确定的关键性参数是垂向扩散系数 E_v，又称垂向混合系数，它是与水深、风、浮力、内波频率等多种因素有关的非线性函数，十分复杂。

假设在夏季湖泊水温垂向分布存在 3 个典型的稳定分层（图 6.3），即上部温水层、中部温跃层和底部均温层。由于影响因素不同，各层中水温的混合程度是不一样的，因此，各层的垂向混合系数 E_v 也不相同。关于 E_v 的计算公式和经验值，已有不少的研究成果，比较有代表性的如 Orlob（1983）、Lam（1987）、Imboden 和 Gachten（1979）等，在此不再详述。

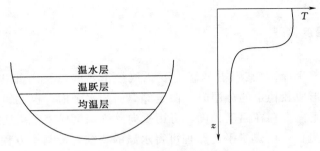

图 6.3　典型湖泊水温分层示意图

第7章 地下水水质模型

7.1 基 本 概 念

7.1.1 流体的连续性假定

地下水流运动与污染物质运移属于发生在赋存介质空隙中的流体运动问题。流体由大量的微小分子所组成，分子间具有一定的空隙，每个分子都在不断地做不规则运动，因此，流体的微观结构和运动，在空间和时间上都是不连续的。为了研究问题的方便，在地下水力学中假设流体是连续流体。连续流体方法是从大量分子的平均行为出发研究物质的宏观性质和运动，它假设流体是一种连续充满其所占据空间而毫无空隙的连续体。流体质点，它在宏观上足够小，与实物研究的特征长度相比是微不足道的，从而可以看作几何上的一个点；但它比起分子自由程长度大得多，并包含足够多的分子，使得在统计平均后可得到宏观的特征量，例如压强、密度、宏观速度、温度等，在连续介质假定基础上，进一步假设这些宏观特征量是空间和时间的连续函数，就可以利用数学分析方法解决流体运动问题。

7.1.2 多孔介质及其连续介质假定

赋存地下水的介质通常可称为多孔介质。Bear（1972）给出了多孔介质比较完善的定义：多孔介质是含有固相的多相系，其他相可以是液相和（或）气相，固相部分称为固体骨架，其他部分称为空隙；固相遍布整个多孔介质，具有较大的比表面积；空隙中的许多孔洞相互连通。按此定义，第四系松散岩类赋存介质属多孔介质。

（1）孔隙度与有效孔隙度。多孔介质具有空隙的宏观性质称为孔隙性。空隙体积与多孔介质总体积之比称为多孔介质的孔隙度。这里的空隙体积是指孔隙的总体积，不管这些孔隙是否对地下水运动有意义，但从地下水运动的角度来看，只有那些相互连通的孔隙才是有意义的。对于细粒土，如一些黏性土，因为颗粒比表面积很大，介质中相当一部分水吸附于颗粒表面，不受重力影响而处于非流动状态，这部分水占据了相当一部分孔隙空间，所以对地下水运动有效的孔隙要比总的孔隙为少。互相连通的、不为结合水所占据的那一部分孔隙称为有效孔隙。有效孔隙体积与多孔介质总体积之比称为有效孔隙度，本书所称的孔隙度均为有效孔隙度，用 n 表示，即

$$n = \frac{V_v}{V_b} \tag{7.1}$$

式中：V_v 为有效孔隙体积，量纲为 $[L^3]$；V_b 为多孔介质的总体积，量纲为 $[L^3]$。

（2）多孔介质的连续性假定。多孔介质中的流体运动比较复杂。对流体采用连续性假定后，多孔介质中的流体运动可概化为被多孔介质的固体骨架包围的流体运动问题。尽管

这时固体表面可以看作流体运动的边界，空隙通道中的流体运动可以用流体力学理论来描述，但由于空隙的大小、分布和连通性的复杂性导致固体骨架复杂的几何形状难以用任何精确的数学方法加以描述，因此仍无法描述多孔介质和流体的宏观特征量。为此引入多孔介质的连续介质假定。

多孔介质的连续介质假定与流体的连续性假定思想是相同的，即假定地下水运动时充满于多孔介质所占据的空间，包括空隙占据的空间和固体骨架占据的空间。

7.1.3　渗流速度与实际平均流速

水在多孔介质孔隙中的流动，是极不规则的迂回曲折运动，要详细考察每一孔隙中的流动状况是非常困难的，一般也无此必要。为了便于研究，采用一种假想水流来代替真实的地下水流。这种假想水流的性质（如密度、黏滞性等）和真实地下水相同；但它充满了孔隙空间和多孔介质颗粒所占据的空间。同时，假设这种假想水流运动时所受的阻力等于真实水流所受的阻力；通过任一断面的流量及任一点的压力或水头均和实际水流相同。这种假想水流称为渗流，假想水流所占据的空间区域称为渗流区域或渗流场。

在垂直于渗流的方向取一过水断面 A，设其渗流量为 Q，则渗流速度 V 为

$$V = \frac{Q}{A} \tag{7.2}$$

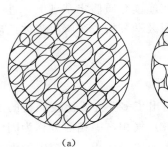 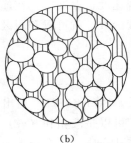

渗流速度代表渗流在过水断面 A 上的平均流速，是单位时间通过单位多孔介质横截面积的流量。对于砂柱中的渗流，过水断面 A 是指砂柱的横断面积，包括砂颗粒和空隙所占据的面积，见图 7.1（a）。渗流速度不代表任何真实水流的速度，只是一种假想速度，是假设水流通过包括骨架与空隙在内的断面 A 时所具有的一种虚拟流速。实际上，地下水仅仅在空隙中流动，实际过水断面应

图 7.1　过水断面 A（斜阴线部分）与实际过水断面 A'（直阴线部分）

为 A'，见图 7.1（b）。在空隙的不同地点，地下水运动的方向和速度都可能不同。

实际平均流速 u，是指单位时间通过单位横截面上孔隙面积的流量，则 V 和 u 之间有下列关系：

$$V = nu \tag{7.3}$$

式中：n 为多孔介质的有效孔隙度。

7.1.4　地下水流运动规律

流速和水头是描述地下水运动的两个重要要素，水头在饱和流中俗称为水位在非饱和流中又称为水势，可用伯努利公式表示，即

$$H = z + \frac{P}{\rho g} + \frac{u^2}{2g} \tag{7.4}$$

式中：H 为某点的水头，量纲为 [L]；z 为某点的位置高度，量纲为 [L]；P 为某点的净

水压力，量纲为 $[ML^{-1}T^{-2}]$；g 为重力加速度，量纲为 $[LT^{-2}]$；ρ 为水的密度，量纲为 $[ML^{-3}]$；其余符号意义同前。

由于地下水流速很小，式（7.4）中右端第 3 项很小，可以忽略，实际地下水头可表示为

$$H = z + \frac{P}{\rho g} \tag{7.5}$$

沿渗流方向上两点水头差 ΔH 与这两点距离 L 的比值称为水力梯度，常常用 J 表示，即

$$J = \frac{\Delta H}{L} \tag{7.6}$$

1856 年，法国水力学家达西（Darcy）利用自行设计的沙柱进行渗流试验，得出地下水渗流速度与渗流途径的水力梯度成正比，比例系数为常数，称为渗透系数，用公式表示如下：

$$V = KJ \tag{7.7}$$

式中：K 为渗透系数，量纲为 $[LT^{-1}]$；J 为水力梯度，无量纲；其余符号意义同前。

式（7.7）就是著名的达西定律，是地下水运动的基本定律。

7.2　地下水水质污染特性与水动力弥散

7.2.1　地下水水质污染特性

地下水的污染特点是由地下水的储存特点决定的。地下水储存于地表以下的岩土空隙中，并在其中缓慢地运移，上部覆有一定厚度的包气带，使地表污染物或渗滤液在进入地下水之前，必须首先经过包气带岩土层，从而使地下水污染具有如下特点。

1. 污染过程缓慢——滞后性

地下水的污染主要是由地表水污染、土壤污染、生物污染、垃圾、渗滤液等造成的，这些污染物在下渗的过程中不断被各种阻碍物阻挡、截留，并可能发生吸附、分解、溶解、沉淀效应及氧化-还原反应，最终进入地下水中，这在一定程度上将延缓污染物对潜水含水层的污染。而对承压含水层而言，因上部有隔水层或弱透水层顶板的存在，污染物运移的速度会更加缓慢，因此，从污染源的出现到地下水受到污染往往需要经历相当长的时间。如电厂粉煤灰露天堆放，而又无任何防渗和治理措施下，将在堆放 9～12 年内由于降水的淋溶而对附近浅层地下水造成污染。

另外，地下水是在含水介质空隙中的渗透，污染物到达地下水中后，其运移、扩散也相当缓慢。

2. 污染过程隐蔽——隐蔽性

地下水污染发生在地表以下的含水介质中，即使是地下水遭到相当程度的污染，也往往是无色、无味的。地下水不像地表水那样，可从其颜色及气味或生物的死亡、灭绝中鉴别出来。即使人类饮用了受有害或有毒组分污染的地下水，其对人体健康的影响一般也是较隐蔽的，不易觉察。

3. 污染难以恢复治理——难以逆转性

地下水一旦遭到污染就很难得到恢复，由于地下水流速缓慢，天然地下径流将污染物带走需要相当长的时间，且作为含水介质的砂土对很多污染物都具有吸附作用，使污染物的清除更加复杂困难，即使查明了污染原因，并切断了污染源，依靠含水层本身的自净作用，即使经历了相当长的时间，也难以恢复到污染前的状态。

4. 造成的后果影响长远——危害长久性

地下水中污染物的含量一般是微量的，通常情况下不会引起人体的急性疾病或者疾病爆发，但会在人体内慢慢积聚造成多系统的损伤。更有许多物质具有生殖毒性和遗传毒性，影响到几代人的健康。

7.2.2　水动力弥散

在研究含有某种溶质成分的地下水在多孔介质中运动情况时，可将这种物质成分视为一种示踪剂，通过它的颜色、密度等进行识别。实验表明，当某种流动的液体注入示踪剂后，示踪剂并不是按实际流速向前推进，即并非按活塞式推进，而是随着液体流动不断地传播开来，在流体区域内不断扩大，并超出仅以流体的平均流速做运动所能达到的区域范围。这种传播现象称为多孔介质的水动力弥散。它是一种不稳定的、不可逆的过程。

水动力弥散是大量个别的溶质质点，通过孔隙的实际运移，与发生在孔隙中的各种物理和化学现象的宏观反映。造成水动力弥散的原因是非常复杂的，它包括流体的流动，多孔介质复杂的微观结构，分子扩散和流体性质（如密度、黏度等）的变化对流速的影响等，但其中主要是由溶质在多孔介质中的分子扩散和机械弥散所引起。

由第 2 章所述，分子扩散是由于流体中所含溶质浓度不均匀而引起的一种物质运移现象。浓度梯度使得物质从浓度高的地方向浓度低的地方运移，结果是浓度趋于均匀化。分子扩散服从 Fick 定律。

机械弥散则主要是纯力学作用的结果。当流体在多孔介质中流动时，固相与液相之间的相互作用非常复杂，包括示踪剂颗粒在固体表面上的吸附、沉淀、溶解、离子交换、化学反应及生物过程等。但对示踪剂的运移来说，最主要的是机械作用。所谓机械作用，就是由于孔隙系统的存在，使得流速在孔隙横截面上的分布无论其大小和方向都不均一。一般分为图 7.2 所示的 3 种情况。图 7.2（a）为在同一孔隙中，由于液体有黏滞性以及结合水对重力水的摩擦阻力，使得最靠近隙壁部分的水流速度趋近于 0，向轴部流速逐渐增大，至轴部最大，类似于笔直的毛细管中的流体速度的抛物线状分布；图 7.2（b）为在不同的孔隙中，由于孔隙大小不一，造成孔隙各自的轴间最大流速存在差异；图 7.2（c）为受相互连通的孔隙空间的形状影响，即固体骨架的阻挡，水流方向也随之不断改变，因此对于水流平均方向而言，具体流线的位置在空间是摆动的。这几种现象同时发生，由此造成开始时彼此靠近的示踪剂质点群在地下水流动过程中不是一律按平均流速流动，而是不断地被分细，进入更为纤细的通道分支，从而使得地下水质点逐渐扩展开，超出仅按平均流动所预期的扩展范围。我们把流体通过多孔介质流动时，由于微观尺度上流速的不均一所造成的这种地下水质点散布的现象称为机械弥散。机械弥散有时也称对流扩散。

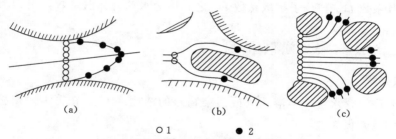

$\bigcirc 1 \qquad \bullet 2$

1, 2 分别为 t 和 $t+\Delta t$ 时刻液体质点的位置

图 7.2　机械弥散引起的示踪剂扩展

7.2.3　水动力弥散系数

如第 2 章所述，分子扩散服从菲克定律，其一般形式可表述为

$$q = -D_d \mathrm{grad}C \tag{7.8}$$

式中：D_d 为多孔介质中的分子扩散系数，是分子扩散系数与多孔介质孔隙弯曲率的函数，为二阶张量；$\mathrm{grad}C$ 为溶质（地下水中污染物）的浓度梯度；其余符号意义同前。

通过实验和理想模型的研究，证实机械弥散也可用菲克定律来描述。对于机械弥散有

$$q_M = -D_M \mathrm{grad}C \tag{7.9}$$

式中：D_M 为机械弥散系数，量纲为 $[L^2 T^{-1}]$，是二阶张量；q_M 为机械弥散通量。

机械弥散系数与流场和介质的特性有关，在笛卡尔三维直角坐标系下，其二阶张量的表达式为

$$\left.\begin{aligned}
D_{Mxx} &= a_T \bar{u} + \frac{(a_L - a_T) u_x^2}{\bar{u}} \\[2mm]
D_{Mxy} &= \frac{(a_L - a_T) u_x u_y}{\bar{u}} = D_{Myx} \\[2mm]
D_{Mxz} &= \frac{(a_L - a_T) u_x u_z}{\bar{u}} = D_{Mzx} \\[2mm]
D_{Myy} &= a_T \bar{u} + \frac{(a_L - a_T) u_y^2}{\bar{u}} \\[2mm]
D_{Myz} &= \frac{(a_L - a_T) u_y u_z}{\bar{u}} = D_{Mzy} \\[2mm]
D_{Mzz} &= a_T \bar{u} + \frac{(a_L - a_T) u_z^2}{\bar{u}}
\end{aligned}\right\} \tag{7.10}$$

其中

$$\bar{u} = \sqrt{u_x^2 + u_y^2 + u_z^2} \tag{7.11}$$

式中：a_L、a_T 分别为纵向弥散度和横向弥散度，量纲为 $[L]$；u_x、u_y 和 u_z 分别为地下水流实践流速。

纵向和横向弥散度是地下水溶质运移计算中最主要的参数，通常通过示踪剂的弥散实验获得。由纵向和横向弥散度进行计算得到弥散系数张量，从而可以进行地下水溶质运移模拟。

机械弥散系数 D_M 与分子扩散系数 D_d 之和称为水动力弥散系数，用 D_h 表示，即

$$D_h = D_d + D_M \tag{7.12}$$

式中：D_h 为二阶张量，量纲为 $[L^2 T^{-1}]$。

7.2.4　弥散方程

设多孔介质（含水层）中溶质（或污染物）的浓度为 C，在笛卡尔坐标系下，溶质运移的基本弥散方程为

$$\theta \frac{\partial C}{\partial t} = \frac{\partial C}{\partial x_i} \left(\theta D_{hij} \frac{\partial C}{\partial x_j} \right) - V_i \frac{\partial C}{\partial x_i} \tag{7.13}$$

$$V_i = K_i J$$

式中：i，$j = 1$，2，3 分别表示 x，y，z；D_{hij} 为 i，j 方向水动力弥散系数；θ 为含水率（非饱和流）；V_i 为地下水流 j 方向的渗流速度；K_i 为 i 方向渗透系数；J 为地下水流水力梯度；其余符号意义同前。上述方程展开后的具体形式如下：

$$\theta \frac{\partial C}{\partial t} = \frac{\partial C}{\partial x} \left[\theta \left(D_{hxx} \frac{\partial C}{\partial x} + D_{hxy} \frac{\partial C}{\partial y} + D_{hxz} \frac{\partial C}{\partial z} \right) \right] + \frac{\partial C}{\partial y} \left[\theta \left(D_{hyx} \frac{\partial C}{\partial x} + D_{hyy} \frac{\partial C}{\partial y} + D_{hyz} \frac{\partial C}{\partial z} \right) \right]$$
$$+ \frac{\partial C}{\partial z} \left[\theta \left(D_{hzx} \frac{\partial C}{\partial x} + D_{hzy} \frac{\partial C}{\partial y} + D_{hzz} \frac{\partial C}{\partial z} \right) \right] - V_x \frac{\partial C}{\partial x} - V_y \frac{\partial C}{\partial y} - V_z \frac{\partial C}{\partial z} \tag{7.14}$$

对于均质各向同性含水层，地下水流为饱和均匀流动，含水率 θ 等于含水层的孔隙度 n（无量纲），x 方向为平均流速方向，则式（7.14）变为

$$\frac{\partial C}{\partial t} = D_{hxx} \frac{\partial^2 C}{\partial x^2} + D_{hyy} \frac{\partial^2 C}{\partial y^2} + D_{hzz} \frac{\partial^2 C}{\partial z^2} - u_x \frac{\partial C}{\partial x} - u_y \frac{\partial C}{\partial y} - u_z \frac{\partial C}{\partial z} \tag{7.15}$$

式中：$u_x = V_x / n$；$u_y = V_y / n$；$u_z = V_z / n$。

式（7.15）是含水层中地下水溶质运移的基本弥散方程，又称为对流-弥散方程。

7.3　地下水溶质运移数学模型

地下水溶质运移数学模型由溶质弥散的控制方程、初始条件和边界条件构成。

（1）控制方程。

控制方程即是地下水溶质运移的弥散方程，在基本弥散方程的基础上考虑溶质的化学反应、源（汇）项和介质的吸附与解吸作用，含水层地下水中溶质弥散方程的完整形式为

$$R_d \frac{\partial (nC)}{\partial t} = \frac{\partial}{\partial x_i} \left(n D_{hij} \frac{\partial C}{\partial x_j} \right) - V_i \frac{\partial C}{\partial x_i} + C_s - n k_1 C - \lambda \rho_b \overline{C} \tag{7.16}$$

$$R_d = 1 + \frac{\rho_b}{n} \frac{\partial \overline{C}}{\partial C}$$

式中：R_d 为迟滞系数，无量纲；n 为含水层孔隙度，无量纲；ρ_b 为介质密度，量纲为 $[MM^{-1}]$；$\overline{C}$ 为介质吸附或释放的溶质浓度，量纲为 $[ML^{-3}]$；C_s 为单位时间溶质的源项（或汇项）浓度，量纲为 $[ML^{-3}T^{-1}]$；D_{hij} 为水动力弥散系数张量，量纲为 $[L^2T^{-1}]$；k_1 为溶质一级化学反应系数，量纲为 $[T^{-1}]$；λ 为吸附相一级反应系数；其余符号意义同前。

对于均质各向同性含水层，地下水流为饱和均匀流动，x 方向为平均流速方向，则上式变为

$$R_d \frac{\partial C}{\partial t} = D_{hxx} \frac{\partial^2 C}{\partial x^2} + D_{hyy} \frac{\partial^2 C}{\partial y^2} + D_{hzz} \frac{\partial^2 C}{\partial z^2} - \frac{V_x}{n} \frac{\partial C}{\partial x} - \frac{V_y}{n} \frac{\partial C}{\partial y}$$

$$- \frac{V_z}{n} \frac{\partial C}{\partial z} + \frac{1}{n} C_s - k_1 C - \frac{1}{n} \lambda \rho_b \overline{C} \qquad (7.17)$$

不考虑吸附和溶质化学反应，无源无汇纯水动力弥散，则平面二维流弥散的控制方程为

$$\frac{\partial C}{\partial t} = D_{hxx} \frac{\partial^2 C}{\partial x^2} + D_{hyy} \frac{\partial^2 C}{\partial y^2} - \frac{V_x}{n} \frac{\partial C}{\partial x} - \frac{V_y}{n} \frac{\partial C}{\partial y} \qquad (7.18)$$

在研究井流问题时，常常采用柱坐标系或极坐标系。假设地下水主流向与径向 r 一致时，控制方程式的柱坐标系下的微分方程为

$$\frac{\partial C}{\partial t} = \frac{1}{r} \frac{\partial}{\partial r} \left(r D_T \frac{\partial C}{\partial r} \right) + \frac{1}{r^2} \frac{\partial}{\partial \theta} \left(D_T \frac{\partial C}{\partial \theta} \right) + \frac{\partial}{\partial z} \left(D_T \frac{\partial C}{\partial z} \right) - \frac{1}{r} \frac{\partial}{n \partial r} (rCV) \qquad (7.19)$$

式中：D_L 为平行于地下水主流向的纵向弥散系数，量纲为 $[L^2 T^{-1}]$；D_T 为垂直于地下水主流向的横向向弥散系数，量纲为 $[L^2 T^{-1}]$；其余符号意义同前。

研究平面二维弥散问题时常用极坐标系，这种情形下可在方程式中设置 $\partial C / \partial z = 0$ 得到，即

$$\frac{\partial C}{\partial t} = \frac{1}{r} \frac{\partial}{\partial r} \left(r D_L \frac{\partial C}{\partial r} \right) + \frac{1}{r^2} \frac{\partial}{\partial \theta} \left(D_T \frac{\partial C}{\partial \theta} \right) - \frac{1}{r} \frac{\partial}{n \partial r} (rCV) \qquad (7.20)$$

若弥散是轴对称的，就有 $\partial C / \partial \theta = 0$，式 (7.20) 进一步简化为

$$\frac{\partial C}{\partial t} = \frac{1}{r} \frac{\partial}{\partial r} \left(r D_L \frac{\partial C}{\partial r} \right) - \frac{1}{r} \frac{\partial}{n \partial r} (rCV) \qquad (7.21)$$

将 $D_L = a_L V / n$ 代入式 (7.21) 中，考虑在径向发散流中，常有 $rV = $ 常数，则式 (7.21) 可简化为

$$\frac{\partial C}{\partial t} = a_L V \frac{\partial^2 C}{\partial r^2} - \frac{V}{n} \frac{\partial C}{\partial r} \qquad (7.22)$$

式 (7.22) 就是常见的径向弥散方程。式 (7.19)～式 (7.22) 在研究抽水井和注水井水动力弥散问题时特别有用。

（2）初始条件。

$$C(x,y,z) = C_0(x,y,z) \quad (x,y,z) \in \Omega \qquad (7.23)$$

式中：Ω 为溶质运移区域；$C_0(x,y,z)$ 为运移区域内已知浓度分布。

（3）边界条件。

1）第一类边界条件——已知浓度边界。

$$C(x,y,z) \big|_{\Gamma_1} = C_1(x,y,z,t) \quad (x,y,z) \in \Gamma_1; \ t > 0 \qquad (7.24)$$

式中：Γ_1 为已知浓度边界；$C_1(x,y,z,t)$ 为边界 Γ_1 上的浓度分布函数。

2）第二类边界条件——已知弥散通量边界。

$$nD_h \frac{\partial C}{\partial s}\bigg|_{\Gamma_2} = q_s(x,y,z,t) \quad (x,y,z) \in \Gamma_2; \ t > 0 \tag{7.25}$$

式中：Γ_2 为已知通量边界；s 为边界的法线方向；$q_s(x,y,z,t)$ 为边界 Γ_2 上已知的弥散通量函数。

7.4　地下水水质模型的解析解

由于边界的不规则、含水层弥散系数的非均质等条件限制，对具有实际意义的弥散方程很难求出解析解，因而必须采用数值法求解。只有相当有限的几种比较简单且一般为一维问题时，才能求得解析解。为了对弥散模型获得一些深入理解，下面讨论其中几种简单情况。假设：①溶质（示踪剂）是理想的即不管浓度如何变化密度和黏滞系数均为常数；②含水层中的水是不可压缩的流体且为饱和流；③介质即含水层骨架是刚性、均质和各向同性的。

7.4.1　一维弥散问题

实际的地下水流均为三维流动，三维流中的弥散相当复杂，难以求得解析解，因此为了了解弥散的基本特征和参数求取方法，往往将某些简单的地下水流概化为一维或二维流动。在室内对于一维流动通常采用沙柱实验进行地下水运动或溶质弥散研究。沙柱实验一般在空心透明玻璃圆柱中充满沙后是水或含有示踪剂的水在沙柱渗流。这里设沙体的孔隙度为 n，渗流符合达西流，渗流速度为 V 且为常数。这种情况下，示踪剂（溶质）运移属一维弥散。

第一种情况：起始无限分布源的溶质运移

假设沙柱为水平无限，初始污染源不是一个点，而是均匀地分布在空间无限范围上，溶质运移过程中不发生化学反应也不被吸附，则控制方程式（7.17）可化简为

$$\frac{\partial C}{\partial t} = D_h \frac{\partial^2 C}{\partial x^2} - \frac{V}{n} \frac{\partial C}{\partial x}, \quad -\infty < x < +\infty \tag{7.26}$$

初始条件是左半柱中溶质浓度为 C_0，右半柱中溶质浓度为 C_1，即

$$C(x,0) = C_0, \quad -\infty < x < 0$$
$$C(x,0) = C_1, \quad 0 \leqslant x < +\infty$$

边界条件左端无限远处浓度为 C_0，右端无限远处浓度为 C_1，即

$$C(-\infty,t) = C_0, \quad t > 0$$
$$C(+\infty,t) = C_1, \quad t > 0 \tag{7.27}$$

Bear（1960）求解了这个问题，其解为

$$C(x,t) = C_0 + \frac{C_1 - C_0}{2} \text{erfc}\left\{-\frac{x - Vt/n}{2\sqrt{D_h t}}\right\} \tag{7.28}$$

第二种情况：具有吸附作用的溶质运移

其他条件同第一种情况，考虑由均衡等温过程描述吸附作用的情况，则控制方程为

$$\frac{\partial C}{\partial t} = \frac{D_h}{R_d} \frac{\partial^2 C}{\partial x^2} - \frac{V}{nR_d} \frac{\partial C}{\partial x}, \quad -\infty < x < +\infty \tag{7.29}$$

初始条件和边界条件与第一种情况相同，解法也与第一种情况相同，其解为

$$C(x,t) = C_0 + \frac{C_1 - C_0}{2}\operatorname{erfc}\left\{-\frac{R_d x - Vt/n}{2\sqrt{R_d D_h t}}\right\} \tag{7.30}$$

第三种情况：初始瞬时注入质量为 M 示踪剂的溶质运移

当 $t = 0$ 时，在圆柱 $x = 0$ 处加入质量为 M 的示踪剂。示踪剂随水流沿 x 轴流向下游时就向外散布，并在圆柱中占据越来越大的空间。在初始时刻，整个圆柱内 $C = 0$，示踪剂的浓度分布可由式（7.26）来描述。

初始条件用狄拉克函数 $\delta(x)$ 表示为

$$C(x,0) = \frac{M}{n}\delta(x); \quad \delta(x) = \begin{cases} 1 & (x = 0) \\ 0 & (x \neq 0) \end{cases} \tag{7.31}$$

边界条件为

$$\lim C(x',t) = 0, \quad |x'| \to \infty \tag{7.32}$$

仿照 2.5 节瞬时点源移流扩散求解方法，可得该问题的解为

$$C(x,t) = \frac{M}{nA\sqrt{4\pi D_h t}}\exp\left\{-\frac{(x - Vt/n)^2}{4D_h t}\right\} \tag{7.33}$$

式中：A 为圆柱断面面积；其余符号意义同前。

第四种情况：半无限沙柱中连续注入非保守物质示踪剂的溶质运移

假设有一半无限水平沙柱，在 $x = 0$ 处持续注入可发生化学反应的示踪剂，浓度为 C_0，化学反应属一级动力反应。此这种情况下溶质弥散的控制方程为

$$\frac{\partial C}{\partial t} = D_h \frac{\partial^2 C}{\partial x^2} - \frac{V}{n}\frac{\partial C}{\partial x} - k_1 C \tag{7.34}$$

初始条件为

$$C(x,0) = 0, \quad 0 \leqslant x < +\infty$$

边界条件为

$$C(0,t) = C_0, \quad t > 0$$
$$C(+\infty,t) = 0, \quad t > 0 \tag{7.35}$$

利用拉普拉斯变换，得到该问题的解为

$$C(x,t) = \frac{C_0}{2}\exp\left(\frac{Vx}{2nD_h}\right)\left\{\exp(-x\beta)\operatorname{erfc}\left[\frac{x - t\sqrt{(V/n)^2 + 4k_1 D_h}}{2\sqrt{D_h t}}\right]\right.$$
$$\left. + \exp(x\beta)\operatorname{erfc}\left[\frac{x + t\sqrt{(V/n)^2 + 4k_1 D}}{2\sqrt{D_h t}}\right]\right\} \tag{7.36}$$

式中：$\beta = \sqrt{V^2/4n^2 D_h^2 + k_1/D_h}$

当 $k_1 = 0$ 时（即无化学反应），其解简化为

$$C(x,\ t) = \frac{C_0}{2}\left\{\operatorname{erfc}\left(\frac{x - Vt/n}{2\sqrt{D_h t}}\right) + \exp\left(\frac{Vx}{nD_h}\right)\operatorname{erfc}\left(\frac{x + Vt/n}{2\sqrt{D_h t}}\right)\right\} \tag{7.37}$$

若考虑有吸附作用时，则式（7.37）变为

$$C(x,t) = \frac{C_0}{2} \left\{ \mathrm{erfc}\left(\frac{R_d x - Vt/n}{2\sqrt{R_d D_h t}}\right) + \exp\left(\frac{Vx}{nD_h}\right) \mathrm{erfc}\left(\frac{R_d x + Vt/n}{2\sqrt{R_d D_h t}}\right) \right\} \qquad (7.38)$$

图 7.3 所示为描绘式（7.37）的曲线。根据 Ogata 和 Bajlks（1961）求得的解，当 x/a_L 足够大时，式（7.37）中的第二项可以忽略不计，这个条件在实际中一般是能够满足的（例如，当 $x/a_L > 500$ 时，误差小于 3%），则式（7.37）的近似公式为

$$C(x,t) = \frac{C_0}{2} \mathrm{erfc} \left\{ \frac{x - Vt/n}{2\sqrt{Dt}} \right\} \qquad (7.39)$$

此式与式（7.28）相似。

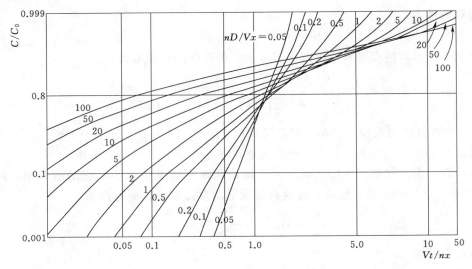

图 7.3　式（7.37）示意图

当 $4k_1 D_h n^2 / V^2 \ll 1$ 时，方程式（7.37）也成为的近似式（7.36）。当忽略分子扩散，$D_h = a_L V/n$。因而，参数 $4k_1 a_L n/V$ 就成为化学反应的相当重要的准则。

当式（7.36）的第二项可以忽略时，则得

$$C(x,t) = \frac{C_0}{2} \exp\left[\frac{Vx}{2nD_h}(1 - \sqrt{1 + 4k_1 D_h n^2/V^2})\right]$$
$$\times \mathrm{erfc}\left[\frac{x - (Vt/n)\sqrt{1 + 4k_1 D_h n^2/V^2}}{2\sqrt{D_h t}}\right] \qquad (7.40)$$

若用 D_h/R_d 代替 D_h，用 V/nR_d 代替 V/n，则上述公式可修改为包括有等温过程均衡所描述的吸附作用的方程。

当 $t \to \infty$ 时，式（7.40）化为

$$C(x) = C_0 \exp\left\{\frac{Vx}{2nD_h}(1 - \sqrt{1 + 4k_1 D_h n^2/V^2})\right\} \qquad (7.41)$$

此式也是弥散方程的稳态解。

在同时存在吸附和化学反应作用的情况下，如果忽略分子扩散作用，式（7.40）可修改为

$$C(x) = \exp\left\{\frac{Vx}{2nD_h}(1 - \sqrt{1 + 4k_1 D_h R_d n^2/V^2})\right\} \qquad (7.42)$$

7.4.2 二维弥散问题

第五种情况：单向流中瞬时注入示踪剂的二维弥散

设在无限延伸、水平、等厚（厚度为 H）的均质含水层中存在单向渗流，取 x 方向与流速方（主流方向）向一致。初始时刻 $t = 0$ 时，在原点处对整个含水层厚度瞬时注入质量为 M 的示踪剂，这种情况下，描述浓度变化的控制分方程为

$$\frac{\partial C}{\partial t} = D_{hL}\frac{\partial^2 C}{\partial x^2} + D_{hT}\frac{\partial^2 C}{\partial y^2} - \frac{V}{n}\frac{\partial C}{\partial x} \qquad (7.43)$$

$$D_{hL} = a_L V/n + D_d; \quad D_{hT} = a_T V/n + D_d$$

式中：D_{hL}、D_{hT} 分布为平行主流方向的纵向水动力弥散系数和垂直主流方向的横向水动力弥散系数，量纲为 $[L^2 T^{-1}]$；a_L、a_T 分别为纵向弥散度和横向弥散度，量纲为 $[L]$。

初始条件为

$$C(x,y,0) = \frac{M}{H_d}\delta(x); \quad \delta(x,y) = \begin{cases} 1 & (x,y) \in (0,0) \\ 0 & \text{其他} \end{cases} \qquad (7.44)$$

边界条件为

$$C(\pm\infty,\ y,\ t) = 0,\ t > 0$$
$$C(x,\ \pm\infty,\ t) = 0,\ t > 0$$

式中：H_d 为含水层厚度，量纲为 $[L]$。这一问题与第 2 章随流扩散瞬时点源的二维扩散问题相似，仿照式（2.70）可以得到这种弥散情况的解析式为

$$C(x,y,t) = \frac{M/H_d}{4\pi t\sqrt{D_{hL}D_{hT}}}\exp\left[-\frac{(x - Vt/n)^2}{4D_{hL}t} - \frac{y^2}{4D_{hT}t}\right] \qquad (7.45)$$

忽略多孔介质中的分子扩散作用，以 $D_{hL} = \alpha_L V/n$，$D_{hT} = \alpha_T V/n$ 代入式（7.45）得

$$C(x,y,t) = \frac{Mn/H_d}{4\pi Vt\sqrt{\alpha_L \alpha_T}}\exp\left[\frac{(x - Vt/n)^2}{4\alpha_L Vt/n} - \frac{y^2}{4\alpha_T Vt/n}\right] \qquad (7.46)$$

图 7.4 表示按式（7.45）绘出的瞬时注入情况的示踪剂等浓度曲线随时间变化示意图。示踪剂云（或称污染晕）沿 x 轴方向推进，推进的速度等于平均速度 V/n，同时其范围不断扩大，纵向和横向扩展速度取决于弥散系数 D_{hL} 和 D_{hT} 的大小。

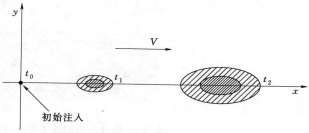

图 7.4 瞬时注入情况的等浓度曲线随时间的变化

第六种情况：单向流场中连续注入示踪剂的二维弥散

地下水渗流的基本假定与上述情况相同，假设 $t = 0$ 开始在坐标原点处以流量 Q_p 向含

水层连续注入含示踪剂浓度为 C_0 的流体。因为连续注入可看作一系列瞬时注入，故只需求出上述情况的解式（7.45）的时间积分，便可得到本问题的解，即

$$C(x,y,t) = \frac{C_0 Q_p}{4\pi\sqrt{D_{hL} D_{hT}}} \int_0^t \exp\left[-\frac{(x - V\tau/n)^2}{4D_{hL}\tau} - \frac{y^2}{4D_{hT}\tau}\right] \frac{\mathrm{d}\tau}{\tau} \tag{7.47}$$

令

$$a = \frac{x^2}{D_{hL}} + \frac{y^2}{D_{hT}}; \quad b = \frac{V^2/n^2}{4D_{hL}} \tag{7.48}$$

并利用变量代换 $u = \dfrac{a}{4\tau}$，可将积分式（7.47）变为

$$C(x,y,t) = \frac{C_0 Q_p}{4\pi\sqrt{D_{hL} D_{hT}}} \exp\left(\frac{Vx/n}{2D_{hL}}\right) \int_{\frac{a}{4t}}^{\infty} \exp\left(-u - \frac{ab}{u}\right) \frac{\mathrm{d}u}{u} \tag{7.49}$$

或者

$$C(x,y,t) = \frac{C_0 Q_p}{4\pi\sqrt{D_{hL} D_{hT}}} \exp\left(\frac{Vx/n}{2D_{hL}}\right) \left[W(0, \sqrt{ab}) - W(bt, \sqrt{ab})\right] \tag{7.50}$$

其中

$$W(u,r) = \int_u^{\infty} \exp\left(-\xi - \frac{r^2}{4\xi}\right) \frac{\mathrm{d}\xi}{\xi} \tag{7.51}$$

为 Hantush 井函数。

让 $t \to \infty$，可得到这一情形下的渐近浓度分布（稳态解）为

$$C(x,y) = \frac{C_0 Q_p}{2\pi\sqrt{D_{hL} D_{hT}}} \exp\left(\frac{Vx/n}{2D_{hL}}\right) K_0(ab)$$

$$= \frac{C_0 Q_p}{2\pi\sqrt{D_{hL} D_{hT}}} \exp\left(\frac{Vx/n}{2D_{hL}}\right) K_0\left[\sqrt{\frac{V^2/n^2}{4D_{hL}}\left(\frac{x^2}{D_{hL}} + \frac{y^2}{D_{hT}}\right)}\right] \tag{7.52}$$

其中 K_0 是第二类零阶修正的贝塞尔函数。

连续注入的等浓度曲线如图 7.5 所示。

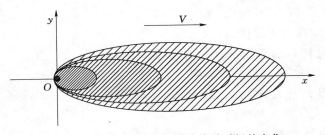

图 7.5　连续注入的等浓度曲线随时间的变化

第七种情况：层状多孔介质中的弥散

AI - Niami 和 Rushton（1979）研究了 xz 平面上层状多孔介质中的弥散问题。设流动区域是长为 L 高为 H 的矩形，层面与 x 轴平行，见图 7.6。下层的厚度为 ε，上层

的厚度为 $H - \varepsilon$，下层和上层的有效孔隙度分别为 n_1 和 n_2，下层和上层的纵向弥散系数和横向（垂向）弥散系数分别为 D_{x1}、D_{z1} 和 D_{x2}、D_{z2}。再设两层水流和弥散方向均平行于界面，即与 x 轴同向，渗透速度分别为 V_1 和 V_2。由于横向弥散作用，两层之间可以通过界面交换示踪物质。把下层和上层的未知浓度分别记为 C' 和 C''，试求它们的分布。边界条件表示在图 7.6 中。

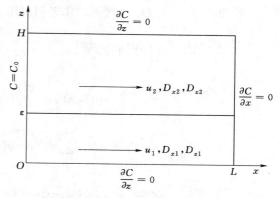

图 7.6　两层多孔介质中的弥散问题

下层的控制方程为

$$D_{x1} \frac{\partial^2 C'}{\partial x^2} - \frac{V_1}{n_1} \frac{\partial C'}{\partial x} + D_{z1} \frac{\partial^2 C'}{\partial z^2} = \frac{\partial C'}{\partial t} \quad (0 \leqslant x \leqslant L;\ 0 \leqslant z \leqslant \varepsilon) \quad (7.53)$$

初始条件为

$$C'(x, z, 0) = 0 \quad (7.54)$$

边界条件为

$$\left. \begin{array}{l} C'(0, z, t) = C_0 \\[2mm] \left. \dfrac{\partial C'}{\partial x} \right|_{(L, z, t)} = 0, \ t > 0 \\[2mm] \left. \dfrac{\partial C'}{\partial x} \right|_{(x, 0, t)} = 0 \end{array} \right\} \quad (7.55)$$

其中 C_0 是给定的浓度。在交界面上应满足条件

$$\left. D_{z1} \frac{\partial C'}{\partial z} \right|_{(x, \varepsilon, t)} = \left. D_{z2} \frac{\partial C''}{\partial z} \right|_{(x, \varepsilon, t)} \quad (7.56)$$

上层的控制方程为

$$D_{x2} \frac{\partial^2 C''}{\partial x^2} - \frac{V_2}{n_2} \frac{\partial C''}{\partial x} + D_{z2} \frac{\partial^2 C''}{\partial z^2} = \frac{\partial C''}{\partial z} \quad (0 \leqslant x \leqslant L;\ \varepsilon < z < H) \quad (7.57)$$

初始条件为

$$C''(x, z, 0) = 0$$

边界条件为

$$\left. \begin{array}{l} C''(0, z, t) = C_0 \\[2mm] \left. \dfrac{\partial C''}{\partial z} \right|_{(L, z, t)} = 0, \\[2mm] C''(x, \varepsilon, t) = C''(x, \varepsilon, t), \quad t > 0 \\[2mm] \left. \dfrac{\partial C''}{\partial x} \right|_{(x, H, t)} = 0 \end{array} \right\} \quad (7.58)$$

对于 $D_{z1} = D_{z2} = D_z$ 的情形，作者们利用 Laplace 变换求出的解析解为

$$\frac{C(x,z,t)}{C_0} = \left(\frac{\varepsilon}{H}\right)\left\{1 + \sum_{n=1}^{\infty} 2\alpha_n d_1 \exp[-(h_{1n}t - 0.5Y_1 x)]/(\alpha_n^2 + 0.25Y_1^2)\right\}$$

$$+ \left(\frac{2}{\pi}\right) \exp(0.5Y_1 x) \sum_{m=0}^{\infty}\left\{\left(\frac{1}{m}\right)\sin(k_m \varepsilon) \cdot \cos(k_m z)\right.$$

$$\times \left[d_3 + 2D_{z1} \sum_{n=1}^{\infty} \alpha_n d_1 \exp(-\alpha_{mn}t)/\alpha_{mn}\right]\right\} + \left(\frac{H-\varepsilon}{H}\right)$$

$$\times \left\{1 + \sum_{j=1}^{\infty} 2\beta_j d_2 \exp[-(h_{2n}t - 0.5Y_2 x)]/(\beta_j^2 + 0.25Y_2^2)\right\}$$

$$- \left(\frac{2}{\pi}\right) \exp(0.5Y_2 x) \sum_{m=1}^{\infty}\left\{\left(\frac{1}{m}\right)\sin(k_m \varepsilon) \cdot \cos(k_m z)\right.$$

$$\times \left[d_4 + 2D_{z2} \sum_{j=1}^{\infty} \beta_j d_2 \exp(-\beta_{mj}t)/\beta_{mj}\right]\right\} \qquad (7.59)$$

其中

$$Y_1 = V_1/n_1 D_{x1}, \quad Y_2 = V_2/n_2 D_{x2}$$

$$A = L - x$$

$$h_{1n} = D_{z1}\alpha_n^2 + 0.25Y_1 V_1/n_1$$

$$h_{2j} = D_{z2}\beta_j^2 + 0.25Y_2 V_2/n_2$$

$$d_1 = [2\alpha_n \cos(A\alpha_n) + Y_1 \sin(A\alpha_n)]/[(2 + Y_1 L)\cos(\alpha_n L) - 2\alpha_n L \sin(\alpha_n L)]$$

$$d_2 = [2\beta_j \cos(A\beta_j) + Y_2 \sin(A\beta_j)]/[(2 + Y_2 L)\cos(\beta_j L) - 2\beta_j L \sin(\beta_j L)]$$

$$d_3 = [2I_m \cosh(AI_m) + Y_1 \sinh(AI_m)]/[2I_m \cosh(I_m L) + Y_1 \sinh(I_m L)]$$

$$d_4 = [2J_m \cosh(AJ_m) + Y_2 \sinh(AJ_m)]/[2j_m \cosh(J_m L) + Y_1 \sinh(J_m L)]$$

$$k_m = \frac{m\pi}{H}$$

$$I_m = [k_m^2 D_z/D_{z1} + 0.25Y_1^2]^{1/2}$$

$$\alpha_{mn} = k_m^2 D_z + \alpha_n^2 D_{z1} + 0.25Y_1 V_1/n_1$$

$\alpha_n (n = 1,2,3,\cdots)$ 是下列方程的根：

$$\alpha_n L \cot(\alpha_n L) = -0.5Y_1 L$$

$$J_m = [k_m^2 D_z/D_{z2} + 0.25Y_2^2]^{1/2}$$

$$\beta_{mj} = k_m^2 D_z + \beta_j^2 D_{z2} + 0.25Y_2 V_2/n_2$$

$\beta_j (j=1,2,3,\cdots)$ 是下列方程的根：

$$\beta_j L \cot(\beta_j L) = -0.5 Y_2 L$$

在解（7.59）中包含着二重级数，当 ε/H 较大，且 Peclet 数较小时，级数收敛较快。图 7.7 是一个数值例子的计算结果，其中 $L=1000\text{cm}$，$H=500\text{cm}$，$\varepsilon=62.5\text{cm}$，$V_1/n_1 = 4 \times 10^{-4}\ \text{cm/s}$，$V_2/n_2 = 8 \times 10^{-4}\ \text{cm/s}$，$D_{x1} = D_{x2} = 0.1\text{cm}^2/\text{s}$，$D_{z1} = D_{z2} = 0.0001\text{cm}^2/\text{s}$。图 7.7 是 $t=1.523 \times 10^6\text{s}$ 时的等浓度曲线。

除此之外，AL - Niami 和 Rushton（1979）还研究了流速垂直于层面的情形并求出了相应的解析解。

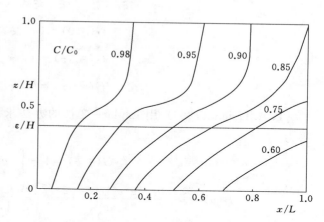

图 7.7　双层多孔介质中的浓度分布

7.4.3　径向弥散问题

第八种情况：无天然流速时示踪剂的径向弥散

设在水平、等厚、无限延伸的均质各向同性承压含水层中有一口完整井，井半径为 r_w，并通过它以定流量 Q 连续注入含示踪剂浓度为 C_0 的水。在无天然流速的情况下，在井的附近会很快形成接近稳定的二维径向流。根据质量守恒原理，通过以井为中心、任一半径为 r 的圆周断面流量为

$$2\pi K H_d r \frac{\partial H}{\partial r} = -Q \tag{7.60}$$

式中：K 为渗透系数；H_d 为含水层的厚度。

由式（7.60）及达西定律可得 r 处的径向渗透速度为

$$V(r) = \frac{Q}{2\pi H_d r} \tag{7.61}$$

令 $A = \dfrac{Q}{2\pi H_d n}$，则 $\dfrac{V}{n} = \dfrac{A}{r}$。以此代入式（7.22）即可得到本问题的数学模型：

控制方程为

$$\frac{\partial C}{\partial t} = \frac{\alpha_L A}{r} \frac{\partial^2 C}{\partial r^2} - \frac{A}{r} \frac{\partial C}{\partial r} \quad (r > r_w;\ t > 0) \tag{7.62}$$

初始条件为

$$C(r,0) = 0,\ r \geqslant r_w \tag{7.63}$$

边界条件为

$$C(r_w, t) = C_0,\ t > 0 \tag{7.64}$$

$$C(\infty, t) = 0,\ t > 0 \tag{7.65}$$

令 $G = C/C_0$；$\xi = r/a_L$；$\xi_w = r/a_L$；$\tau = At/a_L^2$ 则式 (7.62)～式 (7.65) 变为

$$\frac{\partial G}{\partial \tau} = \frac{1}{\xi} \frac{\partial^2 G}{\partial \xi^2} - \frac{1}{\xi} \frac{\partial G}{\partial \xi} \quad (\xi > \xi_w；\ \tau > 0) \tag{7.66}$$

$$G(\xi, 0) = 0, \quad \xi \geqslant \xi_w$$

$$G(\xi_w, \tau) = 1, \quad \tau > 0$$

$$G(\infty, \tau) = 0, \quad \tau > 0$$

P. A. Hsieh（1986）用 Laplace 变换的办法求出了本问题的精确解析解，得到的结果为

$$G(\xi, \tau) = 1 - \int_0^\infty F(\upsilon) \mathrm{d}\upsilon \tag{7.67}$$

$$F(\upsilon) = \frac{2\exp[-\upsilon^2 \tau + (\xi - \xi)/2]}{\pi\upsilon} \frac{Ai(y)Bi(y_w) - Ai(y_w)Bi(y)}{[Ai(y_w)]^2 + [Bi(y_w)]^2} \tag{7.68}$$

$$y = \frac{1 - 4\xi\upsilon^2}{4\upsilon^{4/3}}；\quad y_w = \frac{1 - 4\xi_w\upsilon^2}{4\upsilon^{4/3}}$$

式中：函数 $Ai(\chi)$ 和 $Bi(\chi)$ 是分段函数，χ 分为三段：$(-\infty, -5.0)$，$[-5.0, 4.8]$，$(4.8, \infty)$。

对于 $\chi \in [-5.0, 4.8]$，$Ai(\chi)$ 和 $Bi(\chi)$ 可用下式计算，即

$$Ai(\chi) = \beta_1 f(\chi) - \beta_2 g(\chi) \tag{7.69}$$

$$Bi(\chi) = \sqrt{3}[\beta_1 f(\chi) + \beta_2 g(\chi)] \tag{7.70}$$

式中：$\beta_1 = 3^{-2/3}/\Gamma(2/3) = 0.35502805\cdots$；$\beta_2 = 3^{-1/3}/\Gamma(1/3) = 0.25881940\cdots$

$$f(\chi) = 1 + \frac{1}{3!}\chi^3 + \frac{1 \times 4}{6!}\chi^6 + \frac{1 \times 4 \times 7}{9!}\chi^9 + \cdots$$

$$g(\chi) = \chi + \frac{2}{4!}\chi^4 + \frac{2 \times 5}{7!}\chi^7 + \frac{2 \times 5 \times 8}{10!}\chi^{10} + \cdots$$

对于 $\chi > 4.8$：

$$Ai(\chi) = \frac{1}{2\sqrt{\pi}}\chi^{-1/4}\mathrm{e}^{-\zeta}\sum_{k=1}^\infty (-1)^k \alpha_k \zeta^{-k} \tag{7.71}$$

$$Ai(\chi) = \frac{1}{\sqrt{\pi}}\chi^{-1/4}\mathrm{e}^\zeta \sum_{k=1}^\infty \alpha_k \zeta^{-k} \tag{7.72}$$

式中：$\zeta = (2/3)\chi^{3/2}$；$\alpha_k = \dfrac{(2k+1)(2k+3)\cdots(6k-1)}{216^k k!}$；$\alpha_0 = 1$。

为了得到足够精度，k 要达到 14。

对于 $\chi < -5.0$，先定义 $\chi^* = -\chi$，有

$$Ai(-\chi^*) = \frac{1}{\sqrt{\pi}}(\chi^*)^{-1/4}\left[\sin\left(\zeta^* + \frac{\pi}{4}\right)\sum_{k=1}^\infty (-1)^k \alpha_{2k}(\zeta^*)^{-2k} \right.$$

$$\left. - \cos\left(\zeta^* + \frac{\pi}{4}\right)\sum_{k=1}^\infty (-1)^k \alpha_{2k+1}(\zeta^*)^{-2k-1} \right] \tag{7.73}$$

$$Bi(-\chi^*) = \frac{1}{\sqrt{\pi}}(\chi^*)^{-1/4}\Bigg[\cos\Big(\zeta^* + \frac{\pi}{4}\Big)\sum_{k=1}^{\infty}(-1)^k\alpha_{2k}(\zeta^*)^{-2k}$$

$$+ \sin\Big(\zeta^* + \frac{\pi}{4}\Big)\sum_{k=1}^{\infty}(-1)^k\alpha_{2k+1}(\zeta^*)^{-2k-1}\Bigg] \tag{7.74}$$

式中：$\zeta^* = (2/3)(\chi^*)^{3/2}$；其余符号意义同前。

第九种情况：圆岛形含水层中污染物质的扩散

设圆岛形承压含水层的半径为 R，其厚度 H_d 远小于 R，从而使垂直方向上的浓度变化可以忽略不计，见图 7.8。污染物质从表层均匀进入含水层，设单位时间单位面积进入含水层的示踪剂质量为 $\dot{\mu}$，由于分子扩散作用而向边界输运，进入周围的水域。若把含水层的中心取为极坐标系的原点，则未知浓度仅仅是极坐标 r 和时间 t 的函数，与深度无关。初始条件是处处有 $C=0$，边界条件也是 $C=0$，即周围水域保持不被污染。

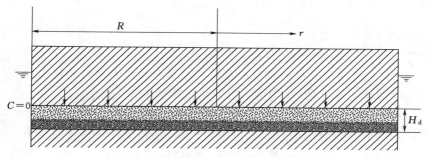

图 7.8　圆岛形含水层中污染物质的扩散

把进入的示踪剂的量作为源汇项处理，同时只考虑多孔介质中的分子扩散而忽略对流作用，则本问题的控制方程为

$$\frac{\partial C}{\partial t} = \frac{D}{r}\frac{\partial}{\partial r}\Big(r\frac{\partial C}{\partial r}\Big) + \frac{\dot{\mu}}{nH_d} \tag{7.75}$$

式中：D 是溶质的分子扩散系数；其余符号意义同前。

由问题所给的条件可以看出，经过一段时间之后，通过表层进入含水层中的污染物质与通过边界离开含水层的污染物质将达到动态平衡。含水层中浓度分布呈现稳定状态。因此可以设

$$C(r,t) = C_1(r) + C_2(r,t) \tag{7.76}$$

式中：$C_1(r)$ 为与时间无关的最终稳态浓度分布；$C_2(r,t)$ 为从初始浓度分布到最终稳态浓度分布的矫正项。

将式（7.76）代入方程式（7.75）中得

$$\frac{\partial C_2}{\partial t} = \frac{D}{r}\frac{d}{dr}\Big(r\frac{dC_1}{dr}\Big) + \frac{D}{r}\frac{\partial}{\partial r}\Big(r\frac{\partial C_2}{\partial r}\Big) + \frac{\dot{\mu}}{nH_d} \tag{7.77}$$

这一方程可以分解为分别关于 C_1 和 C_2 的两个方程，即

$$\frac{1}{r}\frac{d}{dr}\Big(r\frac{dC_1}{dr}\Big) + \frac{\dot{\mu}}{nH_dD} = 0 \tag{7.78}$$

和

$$\frac{\partial C_2}{\partial t} = \frac{D}{r} \frac{\partial}{\partial r}\left(r \frac{\partial C_2}{\partial r}\right) \qquad (7.79)$$

附加条件如下：

(1) 在 $r=0$ 处，C_1 和 C_2 保持有限。

(2) 在 $r=R$ 处，$C_1 = C_2 = 0$。

(3) 在 $t=0$ 时，$C_1 + C_2 = 0$，亦即 $C_2 = -C_1$。

两次积分方程式 (7.79) 并利用条件 (2)，可求出它的解为

$$C_1(r) = \frac{\dot{\mu}}{4nH_d D}(R^2 - r^2) \qquad (7.80)$$

为了求 $C_2(r,t)$，首先引进无量纲变数

$$\xi = \frac{r}{R};\ \tau = \frac{tD}{R^2} \qquad (7.81)$$

于是方程式 (7.79) 变为

$$\frac{\partial C_2}{\partial \tau} = \frac{1}{\xi} \frac{\partial}{\partial \xi}\left(\xi \frac{\partial C_2}{\partial \xi}\right) \qquad (7.82)$$

采用分离变量法求解。设 C_2 中的变量 ξ 和 τ 可被分离，即

$$C_2(\xi, \tau) = f(\xi)g(\tau) \qquad (7.83)$$

代入方程式 (7.82)，得

$$\frac{1}{g} \frac{\mathrm{d}g}{\mathrm{d}\tau} = \frac{1}{f\xi} \frac{\mathrm{d}}{\mathrm{d}\xi}\left(\xi \frac{\mathrm{d}f}{\mathrm{d}\xi}\right)$$

上式两端分别依赖于 τ 和 ξ，不妨设两端的共同值为 $-\alpha^2$，于是得到下列两个方程：

$$\frac{\mathrm{d}g}{\mathrm{d}\tau} + \alpha^2 g = 0 \qquad (7.84)$$

及

$$\frac{\mathrm{d}^2 f}{\mathrm{d}u^2} + \frac{1}{u} \frac{\mathrm{d}f}{\mathrm{d}u} + f = 0 \qquad (7.85)$$

其中 $u = \alpha\xi$。方程为零阶贝塞尔微分方程，其通解为

$$f(\xi) = AJ_0(\alpha\xi) + BY_0(\alpha\xi)$$

由条件 (1)，在 $\xi=0$ 处 $f(\xi)$ 为有限值，所以有 $B=0$。由条件 (2)，在 $\xi=1$ 处应有 $f(\xi)=0$，即 $J_0(\alpha)=0$，所以 α 只能是贝塞尔函数 J_0 的零点 $\alpha_n (n=1, 2, \cdots)(\alpha_1 = 2.405;\ \alpha_2 = 5.520;\ \alpha_3 = 8.654;\ \cdots)$，于是 $f_n(\xi) = A_n J_0(\alpha_n\xi)(n=1, 2, \cdots)$，是方程满足条件 (1) 和 (2) 的解。对于这些 α_n，方程式 (7.84) 的解是

$$g_n(\tau) = A'_n \exp(-\alpha_n^2 \tau)$$

其中 A'_n 是任意常数。任何 $f_n(\xi)g_n(\tau)$ 都是方程的解，为了使 C_2 满足条件 (3)，应考虑 C_2 的通解形式为

$$C_2(\xi, \tau) = \sum_{n=1}^{\infty} f_n(\xi)g_n(\tau) = \sum_{n=1}^{\infty} A_n \exp(-\alpha_n^2 \tau)J_0(\alpha_n\xi) \qquad (7.86)$$

其中 A_n 为待定常数，可由条件（3）确定。实际上，由于 $\tau=0$ 时有 $C_2=-C_1$，注意到式（7.80）和式（7.86）得

$$\sum_{n=1}^{\infty} A_n J_0(\alpha_n \xi) = -\frac{\dot{\mu} R^2}{4 n H_d D}(1-\xi^2)$$ (7.87)

为了对比系数，需要把式（7.87）右端也展成关于 $J_0(\alpha_n \xi)$ 的级数，我们有

$$1-\xi^2 = \sum_{n=1}^{\infty} C_n J_0(\alpha_n \xi); \quad C_n = \frac{8}{\alpha_n^2 J_1(\alpha_n)}$$ (7.88)

其中 J_0 和 J_1 为贝塞尔函数。

将式（7.88）代入式（7.87）中得

$$A_n = -\frac{\dot{\mu} R^2}{4 n H_d D} C_n = -\frac{\dot{\mu} R^2}{n H_d D \alpha_n^2 J_1(\alpha_n)}$$

所以最终得到本问题的解为

$$C(r,t) = C_1(r) + C_2(r,t)$$

$$= \frac{\dot{\mu}}{4 n H_d D}(R^2 - r^2) - \frac{2\dot{\mu} R^2}{n H_d D} \sum_{n=1}^{\infty} \frac{1}{\alpha_n^2 J_1(\alpha_n)} \exp\left(-\frac{\alpha_n^2 D t}{L^2}\right) J_0\left(\frac{\alpha_n r}{L}\right)$$

(7.89)

上式级数中的项随时间的增加迅速下降，所以当 t 较大时（$\frac{\mathrm{d}t}{R^2} > 0.1$），只要取前面一、二项计算就足够了。函数 $C(r,t)$ 的曲线见图 7.9。

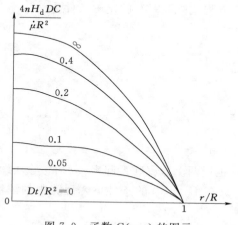

图 7.9 函数 $C(r,t)$ 的图示

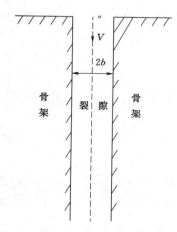

图 7.10 单个裂隙中的溶质运移示意图

7.4.4 岩石裂隙中的弥散问题

第十种情况：单个裂隙中的水动力弥散

基岩中的地下水主要沿裂隙渗流，其渗流与多孔介质中的渗流有较大区别，因此在这

种渗流中的溶质运移也有其鲜明特点。Tang 等（1981）研究了单个裂隙中的对流-弥散以及向周围孔隙中扩散问题。下面就来介绍这个问题的假定、它的数学模型以及解的表达式。

考虑在饱和多孔介质中有一条半无限细长裂缝，见图 7.10，设其宽度为 $2b$，在裂缝中地下水的流速沿 Z 方向为一常数，设为 V。初始时，整个系统的溶质浓度等于 0。从 $t=0$ 开始，在端点 $z=0$ 处的溶质浓度保持为 $C=C_0$（常数）。假定裂隙中流体动力弥散是一维的，裂隙中的溶质将通过裂隙壁进入到周围的孔隙中。设孔隙中的流速十分小，以致其中溶质输运主要靠分子扩散。根据这些假定，支配裂隙中一维对流-弥散方程为

$$\frac{\partial C}{\partial t} = D_L \frac{\partial^2 C}{\partial z^2} - V \frac{\partial C}{\partial z} - \frac{q}{b}, \ 0 \leqslant z < \infty \tag{7.90}$$

式中：$C = C(0, z, t)$ 为裂隙中的浓度分布；q 为穿过裂隙壁的扩散通量，量纲为 $[\mathrm{ML^{-2}T^{-1}}]$；其余符号意义同前。

描述孔隙介质中的扩散方程为

$$\frac{\partial C'}{\partial t} = D' \frac{\partial^2 C'}{\partial x^2}, \ b \leqslant x < \infty \tag{7.91}$$

式中：$C' = C'(x, z, t)$ 为孔隙介质中的浓度分布；D' 为孔隙介质中溶质的分子扩散系数；其余符号意义同前。

方程式（7.90）和式（7.91）将通过扩散通量 q 联系起来，按线性扩散定律有

$$q = -n D' \left. \frac{\partial C'}{\partial x} \right|_{x=b} \tag{7.92}$$

将此代入方程式（7.90）中，得到裂隙中的控制方程

$$\frac{\partial C}{\partial t} = D_L \frac{\partial^2 C}{\partial z^2} - V \frac{\partial C}{\partial z} + \frac{n D'}{b} \left. \frac{\partial D'}{\partial x} \right|_{x=b} \tag{7.93}$$

这一方程可以和方程式（7.91）联立求解。方程式（7.93）的定解条件为

$$\left. \begin{array}{l} C(0, 0, t) = C_0 \\ C(0, \infty, t) = 0 \\ C(0, z, 0) = 0 \end{array} \right\} \tag{7.94}$$

方程式（7.91）的定解条件为

$$\left. \begin{array}{l} C'(b, z, t) = C(z, t) \\ C'(\infty, z, t) = 0 \\ C'(x, z, 0) = 0 \end{array} \right\} \tag{7.95}$$

其中第一个条件是沿裂隙壁的边界条件，它也把两个方程联系起来。Tang 等（1981）使用 Laplace 变换方法求出了这一问题的解析解。在 $D_L \neq 0$ 的条件下，裂隙中的浓度分布为

$$\frac{C(z, t)}{C_0} = \frac{2 \exp(V_z / 2 D_L)}{\sqrt{\pi}} \int_{\frac{z}{2\sqrt{D_L t}}}^{\infty} \exp\left[-\xi^2 - \frac{V^2 z^2}{16 D_L^2 \xi^2} \right] \mathrm{erfc}[f(\xi)] \mathrm{d}\xi \tag{7.96}$$

式中：

$$f(\xi) = \frac{n z^2}{4b} \sqrt{\frac{D'}{D_L}} \frac{1}{\xi \sqrt{4 D_L \xi^2 t - z^2}}$$

孔隙中的浓度分布为

$$\frac{C'(x_1,z,t)}{C_0} = \frac{2\exp(V_z/2D_L)}{\sqrt{\pi}} \int_{\frac{x}{2\sqrt{Dt}}}^{\infty} \exp\left[-\xi^2 - \frac{V^2 z^2}{16D_L^2\xi^2}\right] \mathrm{erfc}[g(\xi)]\mathrm{d}\xi \qquad (7.97)$$

式中：

$$g(\xi) = \left[\frac{nz^2}{4b}\sqrt{\frac{D'}{D_L}}\frac{1}{\xi} + \sqrt{\frac{D_L}{D'}}(x-b)\xi\right] \Big/ \sqrt{4D_L\xi^2 t - z^2}$$

在 Tang 等（1981）的文章中还考虑到吸附和放射性衰减，所得到的结果实际上比以上公式还要复杂些，有兴趣的读者可以参考。这些解虽然不能直接用于现场问题，但具有一定的理论价值，并且可以用于数值方法的检验和对比。

附　　录

附录1　常用符号与单位

符号	说　明	量纲	符号	说　明	量纲
A	面积	L^2	L	长度	L
a_L	纵向弥散度	L	M	质量	M
a_T	横向弥散度	L	$\dot{M}$	投放质量的速率	MT^{-1}
B	宽度	L	m	质量分布源	$ML^{-1}T^{-1}$
BOD	生化需氧量	ML^{-3}	n	1. 法线上的距离	L
C	浓度	ML^{-3}		2. 有效孔隙度	
C_b	偏离浓度	ML^{-3}	O	溶解氧	ML^{-3}
C'	脉动浓度	ML^{-3}	O_S	饱和溶解氧	ML^{-3}
C_0	初始浓度	ML^{-3}	P	1. 压强	$ML^{-1}T^{-2}$
D	1. 直径	L		2. 净水压力	$ML^{-1}T^{-2}$
	2. 分子扩散系数	L^2T^{-1}	P_r	普朗特数	
	3. 弥散系数	L^2T^{-1}	Q	流量	L^3T^{-1}
	4. 氧亏	ML^{-1}	q	溶质通量	$ML^{-2}T^{-1}$
D_m	溶解氧综合扩散系数	L^2T^{-1}	q_v	随流扩散通量	$ML^{-2}T^{-1}$
DO	溶解氧	ML^{-3}	R	半径	L
E	紊动扩散系数	L^2T^{-1}	Re	雷诺系数	
E_x	纵向紊动扩散系数	L^2T^{-1}	R_L	积分时间比尺	
E_y	横向紊动扩散系数	L^2T^{-1}	S	稀释度	
E_z	竖向紊动扩散系数	L^2T^{-1}	S_m	轴线稀释度	
F	1. 质量通量	$ML^{-2}T^{-1}$	T_L	积分时间比尺	
	2. 体积通量	ML^{-1}	U	平均流速	LT^{-1}
	3. 自净系数	T^{-1}	u_*	摩阻流速	LT^{-1}
f	哥里奥利斯系数		u_b	偏离流速	LT^{-1}
g	重力加速度	LT^{-2}	u'	脉动流速	LT^{-1}
h	水深	L	V	1. 断面平均流速	LT^{-1}
J	水力梯度			2. 容积	L^3

符号	说　明	量纲	符号	说　明	量纲
K	1. 纵向分散系数	L^2T^{-1}	V_v	有效孔隙体积	L^3
	2. 渗透系数	LT^{-1}	V_b	多孔介质总体积	L^3
k	渗透率	L^2	Y_o	总耗氧量	ML^{-1}
K_d	耗氧系数	T^{-1}	Y_c	碳化耗氧量	ML^{-1}
K_a	复氧系数	T^{-1}	Y_N	硝化耗氧量	ML^{-1}
α	卷吸系数		ν	运动黏性系数	M^2T^{-1}
α_2	磷成分的比例		ρ	1. 密度	ML^{-3}
Γ	Γ 函数			2. 藻类呼吸速率	T^{-1}
Γ_1	已知浓度边界		ρ_ω	冲刷系数	
Γ_2	已知通量边界		σ	浓度分布标准差	L
δ	迪拉克（Ditac）函数		σ^2	浓度分布方差	L^2
ε	1. 动量扩散系数	L^2T^{-1}	σ_2	磷的释放率	$ML^{-1}T^{-1}$
	2. 射流的扩展系数		τ	1. 时间差	T
ζ	海平面以上的水面高	L		2. 管壁切应力	$ML^{-1}T^{-2}$
η	消光系数			3. 浑浊度	
θ	1. 圆柱坐标系 θ 方向		Φ_0	清洁水吸收系数	
	2. 温度修正系数		Φ_1	藻类自遮因子	
κ	卡门常数		Φ_2	混浊系数	
μ	1. 数学期望或均值		ψ	纬度	
	2. 藻类比生长速率	T^{-1}	ω	地球自转角速度	

附录2　拉 普 拉 斯 变 换

附表 2.1 拉普拉斯变换的基本性质

1	线性定理	齐次性	$L[af(t)] = aF(s)$
		叠加性	$L[f_1(t) \pm f_2(t)] = F_1(s) \pm F_2(s)$
2	微分定理	一般形式	$L\left[\dfrac{\mathrm{d}f(t)}{\mathrm{d}t}\right] = sF(s) - f(0)$ $L\left[\dfrac{\mathrm{d}^2 f(t)}{\mathrm{d}t^2}\right] = s^2 F(s) - sf(0) - f'(0)$ $\vdots$ $L\left[\dfrac{\mathrm{d}^n f(t)}{\mathrm{d}t^n}\right] = s^n F(s) - \sum_{k=1}^{n} s^{n-k} f^{(k-1)}(0)$ $f^{(k-1)}(t) = \dfrac{\mathrm{d}^{k-1} f(t)}{\mathrm{d}t^{k-1}}$
		初始条件为 0 时	$L\left[\dfrac{\mathrm{d}^n f(t)}{\mathrm{d}t^n}\right] = s^n F(s)$
3	积分定理	一般形式	$L\left[\int f(t)\mathrm{d}t\right] = \dfrac{F(s)}{s} + \dfrac{\left[\int f(t)\mathrm{d}t\right]_{t=0}}{s}$ $L\left[\iint f(t)(\mathrm{d}t)^2\right] = \dfrac{F(s)}{s^2} + \dfrac{\left[\int f(t)\mathrm{d}t\right]_{t=0}}{s^2} + \dfrac{\left[\iint f(t)(\mathrm{d}t)^2\right]_{t=0}}{s}$ $\vdots$ $L\left[\overset{\text{共}n\text{个}}{\int \wedge \int} f(t)(\mathrm{d}t)^n\right] = \dfrac{F(s)}{s^n} + \sum_{k=1}^{n} \dfrac{1}{s^{n-k+1}}\left[\int \wedge \int f(t)(\mathrm{d}t)^n\right]_{t=0}$
		初始条件为 0 时	$L\left[\overset{\text{共}n\text{个}}{\int \wedge \int} f(t)(\mathrm{d}t)^n\right] = \dfrac{F(s)}{s^n}$
4	延迟定理（或称 t 域平移定理）		$L[f(t-T)1(t-T)] = \mathrm{e}^{-Ts} F(s)$
5	衰减定理（或称 s 域平移定理）		$L[f(t)\mathrm{e}^{-at}] = F(s+a)$
6	终值定理		$\lim_{t \to \infty} f(t) = \lim_{s \to 0} sF(s)$
7	初值定理		$\lim_{t \to 0} f(t) = \lim_{s \to \infty} sF(s)$
8	卷积定理		$L\left[\int_0^t f_1(t-\tau)f_2(\tau)\mathrm{d}\tau\right] = L\left[\int_0^t f_1(t)f_2(t-\tau)\mathrm{d}\tau\right] = F_1(s)F_2(s)$

附表 2.2 　　　　　　　　**常用函数的拉普拉斯变换和 z 变换表**

序号	拉氏变换 $E(s)$	时间函数 $e(t)$	Z 变换 $E(z)$
1	1	$\delta(t)$	1
2	$\dfrac{1}{1-e^{-Ts}}$	$\delta_T(t) = \displaystyle\sum_{n=0}^{\infty} \delta(t-nT)$	$\dfrac{z}{z-1}$
3	$\dfrac{1}{s}$	$1(t)$	$\dfrac{z}{z-1}$
4	$\dfrac{1}{s^2}$	t	$\dfrac{Tz}{(z-1)^2}$
5	$\dfrac{1}{s^3}$	$\dfrac{t^2}{2}$	$\dfrac{T^2 z(z+1)}{2(z-1)^3}$
6	$\dfrac{1}{s^{n+1}}$	$\dfrac{t^n}{n!}$	$\displaystyle\lim_{a \to 0} \dfrac{(-1)^n}{n!} \dfrac{\partial^n}{\partial a^n} \left(\dfrac{z}{z-e^{-aT}} \right)$
7	$\dfrac{1}{s+a}$	e^{-at}	$\dfrac{z}{z-e^{-aT}}$
8	$\dfrac{1}{(s+a)^2}$	$t\,e^{-at}$	$\dfrac{Tze^{-aT}}{(z-e^{-aT})^2}$
9	$\dfrac{a}{s(s+a)}$	$1-e^{-at}$	$\dfrac{(1-e^{-aT})z}{(z-1)(z-e^{-aT})}$
10	$\dfrac{b-a}{(s+a)(s+b)}$	$e^{-at}-e^{-bt}$	$\dfrac{z}{z-e^{-aT}} - \dfrac{z}{z-e^{-bT}}$
11	$\dfrac{\omega}{s^2+\omega^2}$	$\sin\omega t$	$\dfrac{z\sin\omega T}{z^2 - 2z\cos\omega T + 1}$
12	$\dfrac{s}{s^2+\omega^2}$	$\cos\omega t$	$\dfrac{z(z-\cos\omega T)}{z^2 - 2z\cos\omega T + 1}$
13	$\dfrac{\omega}{(s+a)^2+\omega^2}$	$e^{-at}\sin\omega t$	$\dfrac{ze^{-aT}\sin\omega T}{z^2 - 2ze^{-aT}\cos\omega T + e^{-2aT}}$
14	$\dfrac{s+a}{(s+a)^2+\omega^2}$	$e^{-at}\cos\omega t$	$\dfrac{z^2 - ze^{-aT}\cos\omega T}{z^2 - 2ze^{-aT}\cos\omega T + e^{-2aT}}$
15	$\dfrac{1}{s-(1/T)\ln a}$	$a^{t/T}$	$\dfrac{z}{z-a}$

附录3 几个重要函数

附表 3.1   误差函数 $\mathbf{erf}(x) = \dfrac{2}{\sqrt{\pi}} \displaystyle\int_0^x \exp(-y^2)\,\mathrm{d}y$

x	$\mathrm{erf}(x)$	x	$\mathrm{erf}(x)$	x	$\mathrm{erf}(x)$	x	$\mathrm{erf}(x)$
0.00	0.000000	0.42	0.447468	0.84	0.765143	1.26	0.925236
0.01	0.011283	0.43	0.456887	0.85	0.770668	1.27	0.927514
0.02	0.022565	0.44	0.466225	0.86	0.776190	1.28	0.929734
0.03	0.033841	0.45	0.475482	0.87	0.781440	1.29	0.931899
0.04	0.045111	0.46	0.484655	0.88	0.786687	1.30	0.934008
0.05	0.056372	0.47	0.493745	0.89	0.791843	1.31	0.936063
0.06	0.067622	0.48	0.502750	0.90	0.796908	1.32	0.938065
0.07	0.078858	0.49	0.511663	0.91	0.801883	1.33	0.940015
0.08	0.090078	0.50	0.520500	0.92	0.806768	1.34	0.941914
0.09	0.101281	0.51	0.529244	0.93	0.811564	1.35	0.943762
0.10	0.112463	0.52	0.537899	0.94	0.816271	1.36	0.945561
0.11	0.123623	0.53	0.546464	0.95	0.820891	1.37	0.947312
0.12	0.134758	0.54	0.554939	0.96	0.825424	1.38	0.949016
0.13	0.145867	0.55	0.563323	0.97	0.829870	1.39	0.950673
0.14	0.156947	0.56	0.571616	0.98	0.834232	1.40	0.952285
0.15	0.167996	0.57	0.579816	0.99	0.838508	1.41	0.953852
0.16	0.179012	0.58	0.587923	1.00	0.842701	1.42	0.955376
0.17	0.189992	0.59	0.595936	1.01	0.846810	1.43	0.956857
0.18	0.200936	0.60	0.603856	1.02	0.850838	1.44	0.958297
0.19	0.211840	0.61	0.611681	1.03	0.854784	1.45	0.959695
0.20	0.222703	0.62	0.619411	1.04	0.858650	1.46	0.961054
0.21	0.233522	0.63	0.627046	1.05	0.862436	1.47	0.962373
0.22	0.244296	0.64	0.634586	1.06	0.866144	1.48	0.963654
0.23	0.255023	0.65	0.642029	1.07	0.869773	1.49	0.964898
0.24	0.265700	0.66	0.649377	1.08	0.873326	1.50	0.966105
0.25	0.276326	0.67	0.656628	1.09	0.876803	1.51	0.967277
0.26	0.286900	0.68	0.663782	1.10	0.880205	1.52	0.968413
0.27	0.297418	0.69	0.670840	1.11	0.883533	1.53	0.969516
0.28	0.307880	0.70	0.677801	1.12	0.886788	1.54	0.970536
0.29	0.318283	0.71	0.684666	1.13	0.889971	1.55	0.971623
0.30	0.328627	0.72	0.691433	1.14	0.893082	1.56	0.972628

x	erf(x)	x	erf(x)	x	erf(x)	x	erf(x)
0.31	0.338908	0.73	0.698104	1.15	0.896124	1.57	0.973603
0.32	0.349126	0.74	0.704678	1.16	0.899096	1.58	0.974547
0.33	0.359279	0.75	0.711156	1.17	0.902000	1.59	0.975462
0.34	0.369365	0.76	0.717537	1.18	0.904837	1.60	0.976348
0.35	0.379382	0.77	0.723822	1.19	0.907608	1.61	0.977207
0.36	0.389330	0.78	0.730010	1.20	0.910314	1.62	0.978038
0.37	0.399206	0.79	0.736103	1.21	0.912956	1.63	0.978843
0.38	0.409009	0.80	0.742101	1.22	0.915534	1.64	0.979622
0.39	0.418739	0.81	0.748003	1.23	0.918050	1.65	0.980376
0.40	0.428392	0.82	0.753811	1.24	0.920505	1.66	0.981105
0.41	0.437969	0.83	0.759524	1.25	0.922900	1.67	0.981810
1.68	0.982493	2.14	0.997525	2.60	0.999764	3.06	0.99998492
1.69	0.983531	2.15	0.997639	2.61	0.999777	3.07	0.99998586
1.70	0.983790	2.16	0.997741	2.62	0.999789	3.08	0.99999674
1.71	0.984407	2.17	0.997851	2.63	0.999800	3.09	0.99998757
1.72	0.985003	2.18	0.997957	2.64	0.999811	3.10	0.99998835
1.73	0.985578	2.19	0.998046	2.65	0.999822	3.11	0.99998908
1.74	0.986135	2.20	0.998137	2.66	0.999831	3.12	0.99998977
1.75	0.986672	2.21	0.998224	2.67	0.999841	3.13	0.99999042
1.76	0.987190	2.22	0.998308	2.68	0.999849	3.14	0.99999108
1.77	0.987691	2.23	0.998388	2.69	0.999858	3.15	0.99999160
1.78	0.988174	2.24	0.998464	2.70	0.999866	3.16	0.99999214
1.79	0.988164	2.25	0.998537	2.71	0.999873	3.17	0.99999264
1.80	0.989091	2.26	0.998607	2.72	0.999880	3.18	0.99999311
1.81	0.989525	2.27	0.998674	2.73	0.999887	3.19	0.99999356
1.82	0.989943	2.28	0.998738	2.74	0.999893	3.20	0.99999397
1.83	0.990347	2.29	0.998799	2.75	0.999899	3.21	0.99999436
1.84	0.990736	2.30	0.998857	2.76	0.999905	3.22	0.99999478
1.85	0.991111	2.31	0.998912	2.77	0.999910	3.23	0.99999507
1.86	0.991472	2.32	0.998966	2.78	0.999916	3.24	0.99999540
1.87	0.991821	2.33	0.999016	2.79	0.999920	3.25	0.99999570
1.88	0.992156	2.34	0.999065	2.80	0.999925	3.26	0.99999598
1.89	0.992479	2.35	0.999111	2.81	0.999929	3.27	0.99999624
1.90	0.992790	2.36	0.999155	2.82	0.999933	3.28	0.99999649
1.91	0.993090	2.37	0.999197	2.83	0.999937	3.29	0.99999672

x	erf(x)	x	erf(x)	x	erf(x)	x	erf(x)
1.92	0.993378	2.38	0.999237	2.84	0.999941	3.30	0.99999694
1.93	0.993656	2.39	0.999275	2.85	0.999944	3.31	0.99999715
1.94	0.993923	2.40	0.999311	2.86	0.999948	3.32	0.99999734
1.95	0.994179	2.41	0.999346	2.87	0.999951	3.33	0.99999751
1.96	0.994426	2.42	0.999379	2.88	0.999954	3.34	0.99999768
1.97	0.994664	2.43	0.999411	2.89	0.999956	3.35	0.999997838
1.98	0.994892	2.44	0.999441	2.90	0.999959	3.36	0.999997983
1.99	0.995111	2.45	0.999469	2.91	0.999961	3.37	0.999998120
2.00	0.995322	2.46	0.999497	2.92	0.999964	3.38	0.999998247
2.01	0.995525	2.47	0.999523	2.93	0.999965	3.39	0.999998367
2.02	0.995719	2.48	0.999547	2.94	0.999968	3.40	0.999998478
2.03	0.995906	2.49	0.999571	2.95	0.999970	3.41	0.999998583
2.04	0.996086	2.50	0.999593	2.96	0.999972	3.42	0.999998679
2.05	0.996258	2.51	0.999614	2.97	0.999973	3.43	0.999998770
2.06	0.996423	2.52	0.999635	2.98	0.999975	3.44	0.999998855
2.07	0.996582	2.53	0.999654	2.99	0.999977	3.45	0.999998934
2.08	0.996734	2.54	0.999672	3.00	0.99997791	3.46	0.99999008
2.09	0.996880	2.55	0.999689	3.01	0.99997926	3.47	0.999999077
2.10	0.997021	2.56	0.999706	3.02	0.99998053	3.48	0.999999141
2.11	0.997155	2.57	0.999722	3.03	0.99998173	3.49	0.999999201
2.12	0.997284	2.58	0.999736	3.04	0.99998286	3.50	0.999999257
2.13	0.997407	2.59	0.999751	3.05	0.99998392	3.51	0.999999309
3.52	0.999999358	3.64	0.999999736	3.76	0.999999895	3.88	0.999999959
3.53	0.999999403	3.65	0.999999756	3.77	0.999999903	3.89	0.999999962
3.54	0.999999445	3.66	0.999999773	3.78	0.999999910	3.90	0.999999965
3.55	0.999999485	3.67	0.999999790	3.79	0.999999917	3.91	0.999999968
3.56	0.999999521	3.68	0.999999805	3.80	0.999999923	3.92	0.999999970
3.57	0.999999555	3.69	0.999999820	3.81	0.999999929	3.93	0.999999973
3.58	0.999999587	3.70	0.999999833	3.82	0.999999934	3.94	0.999999975
3.59	0.999999617	3.71	0.999999845	3.83	0.999999939	3.95	0.999999977
3.60	0.999999644	3.72	0.999999857	3.84	0.999999944	3.96	0.999999979
3.61	0.999999670	3.73	0.999999867	3.85	0.999999948	3.97	0.999999980
3.62	0.999999694	3.74	0.999999877	3.86	0.999999952	3.98	0.999999982
3.63	0.999999716	3.75	0.999999886	3.87	0.999999956	3.99	0.999999983

附表 3.2

Γ-函数 $\Gamma(x) = \int_0^{+\infty} e^{-t} t^{x-1} dt \ (x > 0)$

x	0	1	2	3	4	5	6	7	8	9
1.00	0000	9994	9988	9983	9977	9971	9966	9960	9954	9949
1.01	9943	9938	9932	9927	9921	9916	9910	9905	9899	9894
1.02	9888	9883	9878	9872	9867	9862	9856	9851	9846	9841
1.03	9835	9830	9825	9820	9815	9810	9805	9800	9794	9789
1.04	9784	9779	9774	9769	9764	9759	9755	9750	9745	9740
1.05	9735	9730	9725	9721	9716	9711	9706	9702	9697	9692
1.06	9687	9683	9678	9673	9669	9664	9660	9655	9651	9646
1.07	9642	9637	9633	9628	9624	9619	9615	9610	9606	9602
1.08	9597	9593	9589	9584	9580	9576	9571	9567	9563	9559
1.09	9555	9550	9546	9542	9538	9534	9530	9526	9522	9518
1.10	9514	9509	9505	9501	9498	9494	9490	9486	9482	9478
1.11	9474	9470	9466	9462	9459	9455	9451	9447	9443	9440
1.12	9436	9432	9428	9425	9421	9417	9414	9410	9407	9403
1.13	9399	9396	9392	9389	9385	9382	9378	9375	9371	9368
1.14	9364	9361	9357	9354	9350	9347	9344	9340	9337	9334
1.15	9330	9327	9324	9321	9317	9314	9311	9308	9304	9301
1.16	9298	9295	9292	9289	9285	9282	9279	9276	9273	9270
1.17	9267	9264	9261	9258	9255	9252	9249	9246	9243	9240
1.18	9237	9234	9231	9229	9226	9223	9220	9217	9214	9212
1.19	9209	9206	9203	9201	9198	9195	9192	9190	9187	9184
1.20	9182	9179	9176	9174	9171	9169	9166	9163	9161	9158
1.21	9156	9153	9151	9148	9146	9143	9141	9138	9136	9133
1.22	9131	9129	9126	9124	9122	9119	9117	9114	9112	9110
1.23	9108	9105	9103	9101	9098	9096	9094	9092	9090	9087
1.24	9085	9083	9081	9079	9077	9074	9072	9070	9068	9066
1.25	9064	9062	9060	9058	9056	9054	9052	9050	9048	9046
1.26	9044	9042	9040	9038	9036	9034	9032	9031	9029	9027
1.27	9025	9023	9021	9020	9018	9016	9014	9012	9011	9009
1.28	9007	9005	9004	9002	9000	8999	8997	8995	8994	8992
1.29	8990	8989	8987	8986	8984	8982	8981	8979	8978	8976
1.30	8975	8973	8972	8970	8969	8967	8966	8964	8963	8961
1.31	8960	8959	8957	8956	8954	8953	8952	8950	8949	8948
1.32	8946	8945	8944	8943	8941	8940	8939	8937	8936	8935

x	0	1	2	3	4	5	6	7	8	9
1.33	8934	8933	8931	8930	8929	8928	8927	8926	8924	8923
1.34	8922	8921	8920	8919	8918	8917	8916	8915	8914	8913
1.35	8912	8911	8910	8909	8908	8907	8906	8905	8904	8903
1.36	8902	8901	8900	8899	8898	8897	8897	8896	8895	8894
1.37	8893	8892	8892	8891	8890	8889	8888	8888	8887	8886
1.38	8885	8885	8884	8883	8883	8882	8881	8880	8880	8879
1.39	8879	8878	8877	8877	8876	8875	8875	8874	8874	8873
1.40	8873	8872	8872	8871	8871	8870	8870	8869	8869	8868
1.41	8868	8867	8867	8866	8866	8865	8865	8865	8864	8864
1.42	8864	8863	8863	8863	8862	8862	8862	8861	8861	8861
1.43	8860	8860	8860	8860	8859	8859	8859	8859	8858	8858
1.44	8858	8858	8858	8858	8857	8857	8857	8857	8857	8857
1.45	8857	8857	8856	8856	8856	8856	8856	8856	8856	8856
1.46	8856	8856	8856	8856	8856	8856	8856	8856	8856	8856
1.47	8856	8856	8856	8857	8857	8857	8857	8857	8857	8857
1.48	8857	8858	8858	8858	8858	8858	8859	8859	8859	8859
1.49	8859	8860	8860	8860	8860	8861	8861	8861	8862	8862
1.50	8862	8863	8863	8863	8864	8864	8864	8865	8865	8866
1.51	8866	8866	8867	8867	8868	8868	8869	8869	8869	8870
1.52	8870	8871	8871	8872	8872	8873	8873	8874	8875	8875
1.53	8876	8876	8877	8877	8878	8879	8879	8880	8880	8881
1.54	8882	8882	8883	8884	8884	8885	8886	8887	8887	8888
1.55	8889	8889	8890	8891	8892	8892	8893	8894	8895	8896
1.56	8896	8897	8898	8899	8900	8901	8901	8902	8903	8904
1.57	8905	8906	8907	8908	8909	8909	8910	8911	8912	8913
1.58	8914	8915	8916	8917	8918	8919	8920	8921	8922	8923
1.59	8924	8925	8926	8927	8929	8930	8931	8932	8933	8934
1.60	8935	8936	8937	8939	8940	8941	8942	8943	8944	8946
1.61	8947	8948	8949	8950	8952	8953	8954	8955	8957	8958
1.62	8959	8961	8962	8963	8964	8966	8967	8968	8970	8971
1.63	8972	8974	8975	8977	8978	8979	8981	8982	8984	8985
1.64	8986	8988	8989	8991	8992	8994	8995	8997	8998	9000
1.65	9001	9003	9004	9006	9007	9009	9010	9012	9014	9015
1.66	9017	9018	9020	9021	9023	9025	9026	9028	9030	9031

x	0	1	2	3	4	5	6	7	8	9
1.67	9033	9035	9036	9038	9040	9041	9043	9045	9047	9048
1.68	9050	9052	9054	9055	9057	9059	9061	9062	9064	9066
1.69	9068	9070	9071	9073	9075	9077	9079	9081	9083	9084
1.70	9086	9088	9090	9092	9094	9096	9098	9100	9102	9104
1.71	9106	9108	9110	9112	9114	9116	9118	9120	9122	9124
1.72	9126	9128	9130	9132	9134	9136	9138	9140	9142	9145
1.73	9147	9149	9151	9153	9155	9157	9160	9162	9164	9166
1.74	9168	9170	9173	9175	9177	9179	9182	9184	9186	9188
1.75	9191	9193	9195	9197	9200	9202	9204	9207	9209	9211
1.76	9214	9216	9218	9221	9223	9226	9228	9230	9233	9235
1.77	9238	9240	9242	9245	9247	9250	9252	9255	9257	9260
1.78	9262	9265	9267	9270	9272	9275	9277	9280	9283	9285
1.79	9288	9290	9293	9295	9298	9301	9303	9306	9309	9311
1.80	9314	9316	9319	9322	9325	9327	9330	9333	9335	9338
1.81	9341	9343	9346	9349	9352	9355	9357	9360	9363	9366
1.82	9368	9371	9374	9377	9380	9383	9385	9388	9391	9394
1.83	9397	9400	9403	9406	9408	9411	9414	9417	9420	9423
1.84	9426	9429	9432	9435	9438	9441	9444	9447	9450	9453
1.85	9456	9459	9462	9465	9468	9471	9474	9478	9481	9484
1.86	9487	9490	9493	9496	9499	9503	9506	9509	9512	9515
1.87	9518	9522	9525	9528	9531	9534	9538	9541	9544	9547
1.88	9551	9554	9557	9561	9564	9567	9570	9574	9577	9580
1.89	9584	9587	9591	9594	9597	9601	9604	9607	9611	9614
1.90	9618	9621	9625	9628	9631	9635	9638	9642	9645	9649
1.91	9652	9656	9659	9663	9666	9670	9673	9677	9681	9684
1.92	9688	9691	9695	9699	9702	9706	9709	9713	9717	9720
1.93	9724	9728	9731	9735	9739	9742	9746	9750	9754	9757
1.94	9761	9765	9768	9772	9776	9780	9784	9787	9791	9795
1.95	9799	9803	9806	9810	9814	9818	9822	9826	9830	9834
1.96	9837	9841	9845	9849	9853	9857	9861	9865	9869	9873
1.97	9877	9881	9885	9889	9893	9897	9901	9905	9909	9913
1.98	9917	9921	9925	9929	9933	9938	9942	9946	9950	9954
1.99	9958	9962	9966	9971	9975	9979	9983	9987	9992	9996

对 $x < 1$ 或 $x > 2$ 的伽马函数值，可以利用下式算出：

$$\Gamma(x) = \frac{\Gamma(x+1)}{x}, \ \Gamma(x) = (x-1)\Gamma(x-1)$$

例　(1) $\Gamma(0.8) = \dfrac{\Gamma(1.8)}{0.8} = \dfrac{0.9314}{0.8} = 1.164$

　　(2) $\Gamma(2.5) = 1.5 \times \Gamma(1.5) = 1.5 \times 0.8862 = 1.329$

附表 3.3　　　　　　　　　　　　　贝 塞 尔 函 数

m	J_0	J_1	J_2	J_3	J_4	J_5	J_6	J_7	J_8	J_9	J_{10}
0.2	0.990	0.100	0.005								
0.4	0.960	0.196	0.020	0.001							
0.6	0.912	0.287	0.044	0.004							
0.8	0.846	0.369	0.076	0.010	0.001						
1.0	0.765	0.440	0.115	0.020	0.002						
1.2	0.671	0.498	0.159	0.033	0.005	0.001					
1.4	0.567	0.542	0.207	0.050	0.009	0.001					
1.6	0.455	0.570	0.257	0.073	0.015	0.002					
1.8	0.340	0.582	0.306	0.099	0.023	0.004	0.001				
2.0	0.224	0.577	0.353	0.129	0.034	0.007	0.001				
2.2	0.110	0.556	0.395	0.162	0.048	0.011	0.002				
2.4	0.003	0.520	0.431	0.198	0.064	0.016	0.003	0.001			
2.6	−0.097	0.471	0.459	0.235	0.084	0.023	0.005	0.001			
2.8	−0.185	0.410	0.478	0.273	0.107	0.032	0.008	0.002			
3.0	−0.260	0.339	0.486	0.309	0.132	0.043	0.011	0.003			
3.2	−0.320	0.261	0.484	0.343	0.160	0.056	0.016	0.004	0.001		
3.4	−0.364	0.179	0.470	0.373	0.189	0.072	0.022	0.006	0.001		
3.6	−0.392	0.095	0.445	0.399	0.220	0.090	0.029	0.008	0.002		
3.8	−0.403	0.013	0.409	0.418	0.251	0.110	0.038	0.011	0.003	0.001	
4.0	−0.397	−0.066	0.364	0.430	0.281	0.132	0.049	0.015	0.004	0.001	
4.2	−0.377	−0.139	0.311	0.434	0.310	0.156	0.062	0.020	0.006	0.001	
4.4	−0.342	−0.203	0.250	0.430	0.336	0.182	0.076	0.026	0.008	0.002	
β_{FM}	J_0	J_1	J_2	J_3	J_4	J_5	J_6	J_7	J_8	J_9	J_{10}
4.6	−0.296	−0.257	0.185	0.417	0.359	0.208	0.093	0.034	0.011	0.003	0.001
4.8	−0.240	−0.298	0.116	0.395	0.378	0.235	0.111	0.043	0.014	0.004	0.001
5.0	−0.178	−0.328	0.047	0.365	0.391	0.261	0.131	0.053	0.018	0.006	0.001
5.2	−0.110	−0.343	−0.022	0.327	0.398	0.287	0.153	0.065	0.024	0.007	0.002
5.4	−0.041	−0.345	−0.087	0.281	0.399	0.310	0.175	0.079	0.030	0.010	0.003
5.6	0.027	−0.334	−0.146	0.230	0.393	0.331	0.199	0.094	0.038	0.013	0.004
5.8	0.092	−0.311	−0.199	0.174	0.379	0.349	0.222	0.111	0.046	0.017	0.005

续表

β_{FM}	J_0	J_1	J_2	J_3	J_4	J_5	J_6	J_7	J_8	J_9	J_{10}
6.0	0.151	−0.277	−0.243	0.115	0.358	0.362	0.246	0.130	0.057	0.021	0.007
6.2	0.202	−0.233	−0.277	0.054	0.329	0.371	0.269	0.149	0.068	0.027	0.009
6.4	0.243	−0.182	−0.300	−0.006	0.295	0.374	0.290	0.170	0.081	0.033	0.012
6.6	0.274	−0.125	−0.312	−0.064	0.254	0.372	0.309	0.191	0.095	0.040	0.015
6.8	0.293	−0.065	−0.312	−0.118	0.208	0.363	0.326	0.212	0.111	0.049	0.019
7.0	0.300	−0.005	−0.301	−0.168	0.158	0.348	0.339	0.234	0.128	0.059	0.024
7.2	0.295	0.054	−0.280	−0.210	0.105	0.327	0.349	0.254	0.146	0.070	0.029
7.4	0.279	0.110	−0.249	−0.244	0.051	0.299	0.353	0.274	0.165	0.082	0.035
7.6	0.252	0.159	−0.210	−0.270	−0.003	0.266	0.354	0.292	0.184	0.096	0.043
7.8	0.215	0.201	−0.164	−0.285	−0.056	0.228	0.348	0.308	0.204	0.111	0.051
8.0	0.172	0.235	−0.113	−0.291	−0.105	0.186	0.338	0.321	0.223	0.126	0.061
8.2	0.122	0.258	−0.059	−0.287	−0.151	0.140	0.321	0.330	0.243	0.143	0.071
8.4	0.069	0.271	−0.005	−0.273	−0.190	0.092	0.300	0.336	0.261	0.160	0.083
8.6	0.015	0.273	0.049	−0.250	−0.223	0.042	0.273	0.338	0.278	0.178	0.096
8.8	−0.039	0.264	0.099	−0.219	−0.249	−0.007	0.241	0.335	0.292	0.197	0.110
9.0	−0.090	0.245	0.145	−0.181	−0.265	−0.055	0.204	0.327	0.305	0.215	0.125
9.2	−0.137	0.217	0.184	−0.137	−0.274	−0.101	0.164	0.315	0.315	0.233	0.140
9.4	−0.177	0.182	0.215	−0.090	−0.273	−0.142	0.122	0.297	0.321	0.250	0.157
9.6	−0.209	0.140	0.238	−0.040	−0.263	−0.179	0.077	0.275	0.324	0.265	0.173
9.8	−0.232	0.093	0.251	0.010	−0.245	−0.210	0.031	0.248	0.323	0.280	0.190
10.0	−0.246	0.043	0.255	0.058	−0.220	−0.234	−0.014	0.217	0.318	0.292	0.207

贝塞尔函数的几个重要性质：

（1）对给定的 β_{FM}，$J_n(\beta_{FM})$ 随自变量 n 单调或振荡衰减，函数值越来越小，最终都趋向于 0。

（2）当 n 为奇数和偶数时，$J_n(\beta_{FM})$ 分别关于 n 奇对称和偶对称，即

$$J_{-n}(\beta_{FM}) = (-1)^n J_n(\beta_{FM})$$

（3）当自变量 $\beta_{FM} \ll 1$ 时，有

$$J_0(\beta_{FM}) \approx 1，J_1(\beta_{FM}) \approx \beta_{FM}/2，J_n(\beta_{FM}) \approx 0 (n > 1)$$

（4）当 β_{FM} 时，各阶贝塞尔函数值的平方和恒等于 1，即

$$\sum_{n=-\infty}^{\infty} J_n^2(\beta_{FM}) = 1$$

参 考 文 献

［1］ 雅贝尔. 地下水水力学［M］. 许涓铭，等，译. 北京：地质出版社，1985.

［2］ 赵文谦. 环境水力学［M］. 成都：成都科技大学出版社，1986.

［3］ 张书农. 环境水力学［M］. 南京：河海大学出版社，1988.

［4］ 孙纳正. 地下水污染：数学模型和数学方法［M］. 北京：地质出版社，1989.

［5］ 谢永明. 环境水质模型概论［M］. 北京：中国科学技术出版社，1996.

［6］ 徐孝平. 环境水力学［M］. 北京：水利电力出版社，1991.

［7］ 余常昭. 环境流体力学导论［M］. 北京：清华大学出版社，1992.

［8］ 陈崇希，李国敏. 地下水溶质运移理论及模型［M］. 武汉：中国地质大学出版社，1996.

［9］ 郭振仁. 污水排放工程水力学［M］. 北京：科学出版社，2001.

［10］ 杨志峰. 环境水力学原理［M］. 北京：北京师范大学出版社，2006.

［11］ 槐文信. 河流海岸环境学［M］. 武汉：武汉大学出版社，2006.

［12］ 李大美，黄克中. 环境水力学［M］. 武汉：武汉大学出版社，2007.

［13］ 黄真理. 中国环境与生态水力学［M］. 北京：中国水利水电出版社，2008.

［14］ Singh V P，Hager W H. Environment Hydraulics［M］. Berlin：Springer，1996.

［15］ Jean - Michel Tanguy. Environmental hydraulics［M］. Washington，DC：ISTE，2010.

［16］ 陈永灿，李克锋，刘昭伟，等. 中国环境与生态水力学［M］. 北京：中国水利水电出版社，2012.

［17］ Johnson P A，Brooks N H，French R H，et al. Environmental hydraulics：New research directions for the 21st century［J］. Journal of Hydraulic Engineering，2009，122（4）：180 - 183.

［18］ 刘梅冰，陈兴伟，董志勇. 闽江下游感潮河道污染带特征及影响因素研究［C］. 福建省第十二届水利水电青年学术交流会，2008：21 - 26.

［19］ 顾莉，惠慧，华祖林，等. 河流横向混合系数的研究进展［J］. 水利学报，2014，45（4）：450 - 466.

［20］ 赵晓冬，李肖肖，徐雪松，等. 特征污染物横向扩散系数试验研究［C］. 2012 年环境污染与大众健康学术会议（CEPPH2012），2012：518 - 521.

［21］ 武周虎，胡德俊，徐美娥. 明渠混合污染物侧向和垂向扩散系数的计算方法及其应用［J］. 长江科学院院报，2010，27（10）：23 - 29.

［22］ 张转，常安定，王媛英，等. 基于正态模糊线性回归确定河流横向扩散系数［J］. 长江科学院院报，2015，32（8）：22 - 25.

［23］ Albers C，Steffler P. Estimating Transverse Mixing in Open Channels due to Secondary Current - Induced Shear Dispersion［J］. Journal of Hydraulic Engineering，2007，133（2）：186 - 196.

［24］ Baek K O，Seo I W. Transverse Dispersion Caused by Secondary Flow in Curved Channels［J］. Journal of Hydraulic Engineering，2011，137（10）：1126 - 1134.

［25］ 王雅琼，程文，许鹏，等. 含植物明渠中污染物扩散规律的研究［C］. 中国环境科学学会 2011 年学术年会，2011：672 - 677.

［26］ Zhang W，Zhu D Z. Transverse Mixing in an Unregulated Northern River［J］. Journal of Hydraulic Engineering，2011，137（11）：1426 - 1440.

［27］ 武周虎，吉爱国，胡德俊，等. 倾斜岸坡角形域顶点排污浓度分布的实验研究［J］. 长江科学院院报，2012，29（12）：34 - 40.

［28］ 顾莉，华祖林，何伟，等. 河流污染物纵向离散系数确定的演算优化法［J］. 水利学报，2007，

38 (12)：1421－1425.

[29]　芦绮玲，陈刚. 多孔紊动射流的数值模拟与实验研究进展 [J]. 水科学进展，2008，19 (1)：137－146.

[30]　张卓，宋志尧，孔俊. 近海区域二阶紊流封闭模型的比较研究 [J]. 海洋通报，2010，29 (1)：12－21.

[31]　张金凤，常璐，张庆河. 三维强迫均匀各向同性紊流直接数值模拟研究 [J]. 水动力学研究与进展，2015，30 (2)：154－159.

[32]　诸裕良，徐秀枝，闫晓璐. 波流耦合作用下紊流边界层水沙数学模型 [J]. 水动力学研究与进展，2016，31 (4)：422－432.

[33]　叶常明. 水环境数学模型的研究进展 [J]. 环境工程学报，1993，1 (1)：74－81.

[34]　Streeter H W, Phelps E B, Streeter H W, et al. A Study of the Pollution and Natural Purfication of the Ohio River [J]. Arch Biochem, 1925, 18 (1)：69－83.

[35]　Barnwell T O. Least squares estimates of BOD parameters [J]. Journal of the Environmental Engineering Division, 1980, 106：1197－1202.

[36]　O'Connor D J. The temporal and spatial distribution of dissolved oxygen in streams [J]. Water Resources Research, 1967, 3 (1)：65－79.

[37]　Dobbins W E. BOD and Oxygen Relationship in Streams [J]. Journal of the Sanitary Engineering Division, 1964, 90 (3)：53－78.

[38]　Koivo A J, Phillips G R. On determination of BOD and parameters in polluted stream models from DO measurements only [J]. Water Resources Research, 1972, 8 (2)：478－486.

[39]　O'Connor D J, Dobbins W E. Mechanisms of Reaeration in Natural Streams [J]. Transactions of the American Society of Civil Engineers, 1958, 82：1－30.

[40]　罗定贵，王学军，孙莉宁. 水质模型研究进展与流域管理模型 WARMF 评述 [J]. 水科学进展，2005，16 (2)：289－294.

[41]　周华. 地表水质模型研究进展综述 [C]. 中国环境科学学会 2010 年学术年会，2010：3123－3129.

[42]　齐珺，孙长虹，史芫芫，等. 河流水质模型发展现状 [C]. 中国环境科学学会 2011 年学术年会，2011：220－225.

[43]　周华，王浩. 河流综合水质模型 QUAL2K 研究综述 [J]. 水电能源科学，2010，28 (6)：71－75.

[44]　何振强，方诗标，陈永明，等. 钱塘江感潮河段污染物迁移扩散数值分析 [J]. 环境科学学报，2017，37 (5)：1668－1673.

[45]　刘夏明，李俊清，豆小敏，等. EFDC 模型在河口水环境模拟中的应用及进展 [J]. 环境科学与技术，2011，34 (6)：136－140.

[46]　Vollenweider R A. Input－output models [J]. Aquatic Sciences, 1975, 37 (1)：53－84.

[47]　Dillon P J, Rigler F H. A Test of a Simple Nutrient Budget Model Predicting the Phosphorus Con. [J]. Journal of the Fisheries Research Board of Canada, 1974, 31 (11)：1771－1778.

[48]　Chen Y, Falconer R A. Modified forms of the third－order convection, second－order diffusion scheme for the advection－diffusion equation [J]. Advances in Water Resources, 1994, 17 (3)：147－170.

[49]　Orlob G T. Mathematical modeling of water quality：streams, lakes, and reservoirs [M]. New York：Wiley, 1983.

[50]　Imboden D M, Gächter R. The Impact of Physical Processes on the Trophic State of a Lake [J]. Biological Aspects of Freshwater Pollution, 1979：93－110.

[51]　郭静，陈求稳，李伟峰. 湖泊水质模型 SALMO 在太湖梅梁湾的应用 [J]. 环境科学学报，2012，32 (12)：3119－3127.

［52］ Toro D M D，Fitzpatrick J J，Thomann R V，et al. Documentation For Water Quality Analysis Simulation Program（WASP）And Model Verification Program（MVP）［J］. Proc Spie，1983，34（5）：4－10.

［53］ 陈美丹，姚琪，徐爱兰. WASP 水质模型及其研究进展［J］. 水利科技与经济，2006，12（7）：420－422.

［54］ 程浩亮，朱德滨，张庆文，等. 湖泊生态水动力学模拟研究进展［J］. 中国人口·资源与环境，2014，24（5）：310－313.

［55］ 陈文君，段伟利，贺斌，等. 基于 WASP 模型的太湖流域上游茅山地区典型乡村流域水质模拟［J］. 湖泊科学，2017，29（4）：836－847.

［56］ 王飞儿，杨佳，李亚男，等. 基于沉积物磷释放的 WASP 水质模型改进研究［J］. 环境科学学报，2013，33（12）：3301－3308.

［57］ Wool T A，Ambrose R B，Martin J L，et al. Water quality analysis simulation program（WASP）Version 6.0 draft：User's manual［M］. New York：US EPA，2001.

［58］ O'gata A，Banks R B. A solution of the differential equation of longitudinal dispersion in porous media［J］. Geological Survey Professional Paper，1961，411－A.

［59］ Verruijt A. Steady dispersion across an interface in a porous medium［J］. Journal of Hydrology，1971，14（3－4）：337－347.

［60］ 孙从军，韩振波，赵振，等. 地下水数值模拟的研究与应用进展［J］. 环境工程，2013，31（5）：9－13.

［61］ 王庆永，贾忠华，刘晓峰，等. Visual MODFLOW 及其在地下水模拟中的应用［J］. 水资源与水工程学报，2007，18（5）：90－92.

［62］ Hsieh P A. A New Formula for the Analytical Solution of the Radial Dispersion Problem［J］. Water Resources Research，1986，22：1597－1605.